全国优秀数学教师专著系列

不等式证题法

Budengshi Zhengtifa

马茂年 主编

哈爾濱工業大學出版社
HARBIN INSTITUTE OF TECHNOLOGY PRESS

内 容 简 介

本书收录了作者近年来在不等式证法教学中的讲课实录，共分22章，有不等式证明的理论阐述，如对称问题、齐次问题、不等式的放缩问题，力求讲清不等式证明中的一些基本问题和解决方法；也有不等式证明中的一些案例分析，如恒成立问题、数列型问题、绝对值问题、分式和型问题、根式和型问题，尽力做到理论与实践的有机结合；还有一些不等式的证明方法，属笔者学习不等式的一些心得体会，也与读者一并分享.

本书能帮助读者理解不等式的基本思想，并能掌握不等式最常用的证题方法与技巧；它是一本较好的、比较初级的，但又有一定深度的入门书籍. 本书可供数学教学人员、大学数学系师生、中学学生及数学爱好者阅读和使用.

图书在版编目(CIP)数据

不等式证题法/马茂年主编. —哈尔滨：哈尔滨工业大学出版社，2017.4(2022.5重印)

ISBN 978-7-5603-6478-0

Ⅰ.①不… Ⅱ.①马… Ⅲ.①不等式-研究 Ⅳ.①O178

中国版本图书馆CIP数据核字(2017)第040706号

策划编辑 刘培杰 张永芹
责任编辑 李广鑫
封面设计 孙茵艾
出版发行 哈尔滨工业大学出版社
社　　址 哈尔滨市南岗区复华四道街10号 邮编 150006
传　　真 0451-86414749
网　　址 http://hitpress.hit.edu.cn
印　　刷 哈尔滨市工大节能印刷厂
开　　本 787mm×1092mm 1/16 印张 13.25 字数 238千字
版　　次 2017年4月第1版 2022年5月第2次印刷
书　　号 ISBN 978-7-5603-6478-0
定　　价 38.00元

前言

众所周知,数学学习首先应该注重基础,包括基本理论、基本概念和基本运算学习,其次应该注重解题方法和技巧的研究.后者如何实施?许多人都说多做题,“熟读唐诗三百首,不会作诗也能吟.”诚然,多做题不失为一种方法,但不是捷径.经过多年不等式教学实践,我们认为最有效的方法应该是注重题型的分类和解题技巧的总结.本书作者通过对历年的竞赛、高考和国内外书刊、QQ群、网络等资料的认真分析,筛选出重要题型,然后归纳总结出各种题型的解题方法和技巧,旨在帮助广大数学爱好者在研究不等式时能获得事半功倍、举一反三、触类旁通的效果.

本书是一本为解密不等式研究及快速提高不等式解题水平和技巧而编写的顶尖之作,具有如下一些特点:

(1)遴选题型恰当,具有典型性、代表性.所选题型有一定的难度、深度和广度,同时注意与高考、竞赛和研究紧密结合.

(2)针对题型精选的例题给出了详尽分析和解答,对不等式的研究很有启发性.通过认真学习本书,能达到高考、竞赛试题口述和“秒杀”的从容境界.

(3)总结了一些全新的不等式解题方法和技巧,可以大大提高学生的解题速度,拓宽解题思路,在高考和竞赛中一路高歌.

本书所选的都是经典的不等式题，当然会有一定的深度和难度．但作者充分了解这些问题的背景，求解和证明的过程中尽量做到深入浅出．任何事情都难以做到完美无缺，偶有疏漏，更有考虑不周的地方，从某种意义上说，这种不足毋宁说是一种优点：它给读者留下思考、想象和思维驰骋的空间．

作者虽倾心倾力，但限于能力和水平，难免有不妥之处，敬请广大读者和数学同行指正．

作　者

2016 年 11 月

目录

第1章　不等式六个基本量的证明和运用　//1

第2章　巧用均值不等式证题　//9

第3章　一些分式不等式的统一简证　//16

第4章　恒成立问题中的参数求解　//20

第5章　数列型不等式的放缩技巧　//25

第6章　巧用配凑求解不等式题　//31

第7章　绝对值不等式的证明和运用　//36

第8章　运用柯西不等式证题　//41

第9章　利用柯西不等式成立的条件解题　//49

第10章　巧用反柯西技术证题　//54

第 11 章　三元对称不等式的求解方法　//58

第 12 章　分式和型不等式的证明　//65

第 13 章　根式和型不等式的证明　//71

第 14 章　齐次不等式的证明　//77

第 15 章　运用放缩技巧证明不等式　//86

第 16 章　运用权方和不等式证题　//91

第 17 章　构造函数法证明不等式　//95

第 18 章　运用赫尔德不等式证题　//103

第 19 章　代数代换法证明不等式　//109

第 20 章　运用平抑法证明不等式　//117

第 21 章　运用局部调整法证明不等式　//122

第 22 章　运用不等式切线法证题　//130

参考答案　//136

第1章　不等式六个基本量的证明和运用

> 科学的灵感，绝不是坐等可以等来的．如果说，科学上的发现有什么偶然的机遇的话，那么这种“偶然的机遇”只能给那些学有素养的人，给那些善于独立思考的人，给那些具有锲而不舍的精神的人，而不会给懒汉．
>
> ——华罗庚（中国）

【知识梳理】

$a^2+b^2+c^2$，$a+b+c$，$\sqrt{a}+\sqrt{b}+\sqrt{c}$，$ab+bc+ca$，$abc$，$\frac{1}{a}+\frac{1}{b}+\frac{1}{c}$ $(a,b,c\in\mathbf{R}_+)$ 之间有何不等关系呢？可以构成几个不等式链：

$$a^2+b^2+c^2\geqslant\frac{(a+b+c)^2}{3}\geqslant ab+bc+ca\geqslant 3(abc)^{\frac{2}{3}}\geqslant 3\left(\frac{3}{\frac{1}{a}+\frac{1}{b}+\frac{1}{c}}\right)^2$$

实际上可以整理成

$$\frac{a^2+b^2+c^2}{3}\geqslant\left(\frac{a+b+c}{3}\right)^2\geqslant\frac{ab+bc+ca}{3}\geqslant(abc)^{\frac{2}{3}}\geqslant\left(\frac{3}{\frac{1}{a}+\frac{1}{b}+\frac{1}{c}}\right)^2$$

$$a+b+c\geqslant\frac{(\sqrt{a}+\sqrt{b}+\sqrt{c})^2}{3}\geqslant 3\sqrt[3]{abc}$$

$$a^2+b^2+c^2=(a+b+c)^2-2(ab+bc+ca)<(a+b+c)^2$$

我们应该将 $a^2+b^2+c^2$，$a+b+c$，$\sqrt{a}+\sqrt{b}+\sqrt{c}$，$ab+bc+ca$，$abc$，$\frac{1}{a}+\frac{1}{b}+\frac{1}{c}$ $(a,b,c\in\mathbf{R}_+)$ 这六个基本量牢记于心，一旦在试题中发现它们的影子，就仔细思考它们在不等式链中的位置，即与之相关联的不等号到底是哪一种（大于就放在左边，小于就放在右边），也就是说，题目中的不等号也是一种很重要的隐含信息，指引着大家走向正确的方向．

【例题分析】

例 1 已知正数 a,b,c 满足 $a+b+c=1$.

(1) 求证：$\dfrac{abc}{ab+bc+ca}\leqslant\dfrac{1}{9}$；

(2) 求 $\dfrac{(a+b)^2}{2b+c}+\dfrac{(b+c)^2}{2c+a}+\dfrac{(c+a)^2}{2a+b}$ 的最小值.

证明 第(1)小题，我们注意到出现了两个基本量 $ab+bc+ca$，abc，其中 abc 一般出现在均值不等式中，因此考虑利用不等式链中 $ab+bc+ca\geqslant 3(abc)^{\frac{2}{3}}$ 这一环；第(2)小题，只要利用柯西不等式的变式 $\dfrac{y_1^2}{x_1}+\dfrac{y_2^2}{x_2}+\dfrac{y_3^2}{x_3}\geqslant\dfrac{(y_1+y_2+y_3)^2}{x_1+x_2+x_3}$，就可一步解题.

(1) **证法一** $\dfrac{abc}{ab+bc+ca}\leqslant\dfrac{abc}{3\sqrt[3]{(abc)^2}}=\dfrac{\sqrt[3]{abc}}{3}\leqslant\dfrac{a+b+c}{9}=\dfrac{1}{9}$.

证法二 也可以将原式转变为

$$\frac{abc}{ab+bc+ca}=\frac{1}{\dfrac{1}{a}+\dfrac{1}{b}+\dfrac{1}{c}}$$

这个不等式中出现了不等式链中的另一环，即

$$\frac{a+b+c}{3}\geqslant\frac{3}{\dfrac{1}{a}+\dfrac{1}{b}+\dfrac{1}{c}}$$

证法三 $(bc+ca+ab)(a+b+c)\geqslant(\sqrt{abc}+\sqrt{abc}+\sqrt{abc})^2$，所以 $bc+ca+ab\geqslant 9abc$，得证.

(2) 利用柯西不等式的变式 $\dfrac{y_1^2}{x_1}+\dfrac{y_2^2}{x_2}+\dfrac{y_3^2}{x_3}\geqslant\dfrac{(y_1+y_2+y_3)^2}{x_1+x_2+x_3}$，则有

$$\frac{(a+b)^2}{2b+c}+\frac{(b+c)^2}{2c+a}+\frac{(c+a)^2}{2a+b}\geqslant\frac{(2a+2b+2c)^2}{3a+3b+3c}=\frac{4}{3}(a+b+c)=\frac{4}{3}$$

当且仅当 $a=b=c=\dfrac{1}{3}$ 时取得最小值.

评注 学生在解题时，容易出现的典型错误就是以下不等式“打架”：

由 $a+b+c\geqslant 3\sqrt[3]{abc}\Rightarrow abc\leqslant\dfrac{1}{27}$，$ab+bc+ca\leqslant\dfrac{(a+b+c)^2}{3}=\dfrac{1}{3}$，得

$$\frac{abc}{bc+ca+ab}\leqslant\frac{\frac{1}{27}}{\frac{1}{3}}=\frac{1}{9}$$

在证明不等式时必须要注意不等号的传递性，一旦出现不等式“打架”的情况，只能放弃这个方法，选择其他道路.

例2 已知正数 a,b,c 满足 $ab+bc+ca=1$，求证：

(1) $(a+b+c)^2\geqslant 3$；

(2) $a\sqrt{bc}+b\sqrt{ac}+c\sqrt{ab}\leqslant 1$.

证明 (1) 注意到

$$(a+b+c)^2=a^2+b^2+c^2+2(ab+bc+ca)$$

及由柯西不等式可得

$$(a^2+b^2+c^2)(b^2+c^2+a^2)\geqslant(ab+bc+ca)^2$$

即有

$$a^2+b^2+c^2\geqslant ab+bc+ca$$

所以有

$$(a+b+c)^2=a^2+b^2+c^2+2(ab+bc+ca)\geqslant 3(ab+bc+ca)=3$$

当且仅当 $a=b=c=\frac{\sqrt{3}}{3}$ 时取等号.

(2) 注意到

$$a\sqrt{bc}+b\sqrt{ac}+c\sqrt{ab}=\sqrt{ab}\cdot\sqrt{ac}+\sqrt{bc}\cdot\sqrt{ab}+\sqrt{ca}\cdot\sqrt{cb}$$

由柯西不等式可得

$$\begin{aligned}&(\sqrt{ab}\cdot\sqrt{ac}+\sqrt{bc}\cdot\sqrt{ab}+\sqrt{ca}\cdot\sqrt{cb})^2\\ \leqslant&(ab+bc+ca)(ac+ab+bc)=1\end{aligned}$$

即有

$$a\sqrt{bc}+b\sqrt{ac}+c\sqrt{ab}\leqslant 1$$

当且仅当 $a=b=c=\frac{\sqrt{3}}{3}$ 时取等号.

评注 第(2)小题注意到题目中不等号($\leqslant$)的位置，因为三个根号之和放在柯西不等式的右边，自然就可以把要证明的式子联想成柯西不等式中两两乘积之和.

例3 已知正数 a,b,c 满足 $a+b+c=1$，求证：$a^3+b^3+c^3\geqslant\frac{a^2+b^2+c^2}{3}$.

证法一 解题时可根据柯西不等式的特点去构造解题：

$$\begin{aligned}(a^2+b^2+c^2)^2&=(a^{\frac{3}{2}}a^{\frac{1}{2}}+b^{\frac{3}{2}}b^{\frac{1}{2}}+c^{\frac{3}{2}}c^{\frac{1}{2}})^2\\&\leqslant[(a^{\frac{3}{2}})^2+(b^{\frac{3}{2}})^2+(c^{\frac{3}{2}})^2](a+b+c)\\&=a^3+b^3+c^3\end{aligned} \quad ①$$

因为 $a^2+b^2+c^2\geqslant\frac{(a+b+c)^2}{3}=\frac{1}{3}$，代入式 ① 得

$$a^3+b^3+c^3\geqslant(a^2+b^2+c^2)^2\geqslant\frac{a^2+b^2+c^2}{3}$$

证法二 考虑用均值不等式证明，首先注意到等号成立的条件应该是在 $a=b=c=\frac{1}{3}$ 处取得，因此配系数利用均值不等式得

$$a^3+\frac{a}{9}\geqslant\frac{2a^2}{3},b^3+\frac{b}{9}\geqslant\frac{2b^2}{3},c^3+\frac{c}{9}\geqslant\frac{2c^2}{3}$$

三式相加得

$$\begin{aligned}a^3+b^3+c^3+\frac{a+b+c}{9}&\geqslant\frac{2}{3}(a^2+b^2+c^2)\\&=\frac{1}{3}(a^2+b^2+c^2)+\frac{1}{3}(a^2+b^2+c^2)\\&\geqslant\frac{1}{3}(a^2+b^2+c^2)+\frac{1}{3}\cdot\frac{1}{3}(a+b+c)^2\end{aligned}$$

又因为 $a+b+c=1$，所以

$$a^3+b^3+c^3+\frac{1}{9}\geqslant\frac{1}{3}(a^2+b^2+c^2)+\frac{1}{9}$$

即有

$$a^3+b^3+c^3\geqslant\frac{a^2+b^2+c^2}{3}$$

当且仅当 $a=b=c=\frac{1}{3}$ 时取得等号.

证法三 同样用均值不等式，还可以配凑均值不等式

$$a^3+a^3+\left(\frac{1}{3}\right)^3\geqslant3\sqrt[3]{\frac{1}{27}a^6}=a^2$$

同理

$$b^3+b^3+\left(\frac{1}{3}\right)^3\geqslant3\sqrt[3]{\frac{1}{27}b^6}=b^2,c^3+c^3+\left(\frac{1}{3}\right)^3\geqslant3\sqrt[3]{\frac{1}{27}c^6}=c^2$$

三式相加得

$$2(a^3+b^3+c^3)+\frac{1}{9}\geqslant a^2+b^2+c^2$$

由于当 $a,b,c>0$，且 $a+b+c=1$ 时，$a^3+b^3+c^3\geqslant\frac{1}{9}$，所以

$$a^2+b^2+c^2\leqslant 2(a^3+b^3+c^3)+\frac{1}{9}\leqslant 3(a^3+b^3+c^3)$$

即

$$a^3+b^3+c^3\geqslant\frac{a^2+b^2+c^2}{3}$$

评注　证法一注重运用柯西不等式；证法二、证法三注重运用不等式取等号时的条件.

例4　已知 a,b,c 为正实数，且 $ab+bc+ca=1$.

(1) 求 $a+b+c-abc$ 的最小值；

(2) 求证：$\frac{a^2}{a^2+1}+\frac{b^2}{b^2+1}+\frac{c^2}{c^2+1}\geqslant\frac{3}{4}$.

解　第(1)小题可运用已知条件平方出发去求最值；第(2)小题可构造柯西不等式去证明.

(1) 因为

$$(a+b+c)^2=a^2+b^2+c^2+2(ab+bc+ca)\geqslant 3(ab+bc+ca)=3$$

又 a,b,c 为正实数，所以 $a+b+c\geqslant\sqrt{3}$，由 $1=ab+bc+ca\geqslant 3\sqrt[3]{a^2b^2c^2}$，即

$$abc\leqslant\frac{\sqrt{3}}{9}$$

所以

$$a+b+c-abc\geqslant\sqrt{3}-\frac{\sqrt{3}}{9}=\frac{8\sqrt{3}}{9}$$

即当 $a=b=c=\frac{\sqrt{3}}{3}$ 时，$a+b+c-abc$ 的最小值为$\frac{8\sqrt{3}}{9}$.

(2) 由柯西不等式得

$$\begin{aligned}\frac{a^2}{a^2+1}+\frac{b^2}{b^2+1}+\frac{c^2}{c^2+1}&\geqslant\frac{(a+b+c)^2}{a^2+1+b^2+1+c^2+1}\\&=\frac{(a+b+c)^2}{a^2+b^2+c^2+3(ab+bc+ca)}\\&=\frac{(a+b+c)^2}{(a+b+c)^2+(ab+bc+ca)}\end{aligned}$$

$$\geqslant \frac{(a+b+c)^2}{(a+b+c)^2+\frac{1}{3}(a+b+c)^2}=\frac{3}{4}$$

所以$\frac{a^2}{a^2+1}+\frac{b^2}{b^2+1}+\frac{c^2}{c^2+1}\geqslant \frac{3}{4}$，当且仅当$a=b=c=\frac{\sqrt{3}}{3}$时取得等号.

评注　第(1)小题，主要运用了基本不等式$(a+b+c)^2\geqslant 3(ab+bc+ca)$；第(2)小题运用了柯西不等式的变式$\frac{y_1^2}{x_1}+\frac{y_2^2}{x_2}+\frac{y_3^2}{x_3}\geqslant \frac{(y_1+y_2+y_3)^2}{x_1+x_2+x_3}$.

例5　已知$a,b,c\in(0,1)$，且满足$a+b+c=2$.

(1) 求证：$1<ab+bc+ca\leqslant \frac{4}{3}$；

(2) 求证：$\frac{4}{3}\leqslant a^2+b^2+c^2<2$.

解　对于本题，我们都可以用不同的方法来解决它.下面我们各用两种方法来讲解：

(1) **证法一**　因为

$$\begin{aligned}2(ab+bc+ca)&=(a+b+c)^2-(a^2+b^2+c^2)\\&=4-(a^2+b^2+c^2)\\&\leqslant 4-(ab+bc+ca)\end{aligned}$$

所以

$$ab+bc+ca\leqslant \frac{4}{3}$$

由$1<ab+bc+ca\Leftrightarrow 2<2ab+2bc+2ca=(a+b+c)^2-2(a^2+b^2+c^2)=4-2(a^2+b^2+c^2)$，可得$a^2+b^2+c^2<2$.

因为$a,b,c\in(0,1)$，所以$a^2<a,b^2<b,c^2<c$，三式相加即$a^2+b^2+c^2<a+b+c=2$，得证.

证法二　设$x=1-a,y=1-b,z=1-c$，则$x,y,z\in\mathbf{R}_+$，且$x+y+z=1$，则

$$\begin{aligned}ab+bc+ca&=(1-x)(1-y)+(1-y)(1-z)+(1-z)(1-x)\\&=3+(xy+yz+zx)-2(x+y+z)\\&=1+(xy+yz+zx)\end{aligned}$$

因为

$$0<xy+yz+zx\leqslant \frac{(x+y+z)^2}{3}$$

即

$$0 < xy + yz + zx \leqslant \frac{1}{3}$$

所以

$$1 < ab + bc + ca \leqslant \frac{4}{3}$$

(2) **证法一** 由柯西不等式得 $(a^2+b^2+c^2)(1^2+1^2+1^2) \geqslant (a+b+c)^2 = 4$,所以 $a^2+b^2+c^2 \geqslant \frac{4}{3}$.

因为 $a,b,c \in (0,1)$,所以 $a^2 < a, b^2 < b, c^2 < c$,三式相加即 $a^2+b^2+c^2 < a+b+c = 2$,或用

$$\begin{aligned} a^2+b^2+c^2 &= (a+b+c)^2 - 2(ab+bc+ca) \\ &= 4 - 2(ab+bc+ca) < 4 - 2 = 2 \end{aligned}$$

综上得

$$\frac{4}{3} \leqslant a^2+b^2+c^2 < 2$$

证法二 (本题也可以用换元法解决)

设 $x = 1-a, y = 1-b, z = 1-c$,则 $x,y,z \in \mathbf{R}_+$,且 $x+y+z=1$,则

$$\begin{aligned} a^2+b^2+c^2 &= (1-x)^2+(1-y)^2+(1-z)^2 \\ &= 3 - 2(x+y+z) + (x^2+y^2+z^2) \\ &= 1 + (x^2+y^2+z^2) \end{aligned}$$

因为 $x^2+y^2+z^2 \geqslant \frac{(x+y+z)^2}{3} = \frac{1}{3}$,且

$$x^2+y^2+z^2 = (x+y+z)^2 - 2(xy+yz+zx) < (x+y+z)^2 = 1$$

所以

$$\frac{1}{3} \leqslant x^2+y^2+z^2 < 1$$

即有

$$\frac{4}{3} \leqslant a^2+b^2+c^2 = 1 + x^2+y^2+z^2 < 2$$

评注 第(1)小题,不等式的左半边很难一步证明,但我们应该注意到这个题目的题干与常见题干有何不同?平时只要求 a,b,c 为正数,而本题却要求 $a,b,c \in (0,1)$,这是多此一举还是有意为之?显然这是一个可以挖掘的信息.因此如何将 $a,b,c \in (0,1)$ 转化为正数呢?换元是最常用的方法,这就是

我们的证法二,换元法是用来处理 a,b,c 之间线性轮换问题的常见方法.

第(2)小题,我们主要是运用了一个常用不等式

$$x^2+y^2+z^2=(x+y+z)^2-2(xy+yz+zx)<(x+y+z)^2$$

大家在解题的过程中要注意积累各式各样的不等式变形,这是解决不等式问题的关键.

六个基本量之间有着千丝万缕的联系,这是不等式命题的丰富资源,只要我们仔细钻研,自然熟能生巧,使这一类问题迎刃而解,而且还能变换出更多的精彩问题,期待大家通过这一章的学习,有更多的奇思妙解.

【课外训练】

1.若 $a,b,x,y\in\mathbf{R}_+$,且 $x+y=1$,求证:$ab\leqslant(ax+by)(ay+bx)\leqslant\frac{(a+b)^2}{4}$.

2.已知 $a,b,c\in(0,1)$,且满足 $a+b+c=2$.求$\frac{abc}{a^2+b^2+c^2}$的最大值.

3.(1) 已知 $x,y\in\mathbf{R}_+$,求证:$x^3+y^3\geqslant x^2y+xy^2$;

(2) 已知 $a,b,c\in\mathbf{R}_+$,求证:$a^3+b^3+c^3\geqslant\frac{1}{3}(a^2+b^2+c^2)(a+b+c)$.

4.(1) 求证:当 $x>0$ 时,$\frac{1}{\sqrt{1+x^3}}\geqslant\frac{2}{2+x^2}$;

(2) 已知 a,b,c 为正实数,$a^2+b^2+c^2=12$,求$\frac{1}{\sqrt{1+a^3}}+\frac{1}{\sqrt{1+b^3}}+\frac{1}{\sqrt{1+c^3}}$的最小值.

5.已知 a,b 为实数,且 $a>0,b>0$.

(1) 求证:$(a^2+b+\frac{1}{a})(a+\frac{1}{b}+\frac{1}{a^2})\geqslant 9$;

(2) 求$(4-3a)^2+9b^2+(a-b)^2$ 的最小值.

第 2 章　巧用均值不等式证题

> 发展独立思考和独立判断的一般能力，应当始终放在首位，而不应当把获得专业知识放在首位. 如果一个人掌握了他的学科的基础理论，并且学会了独立地思考和工作，他必定会找到他自己的道路，而且比起那种主要以获得细节知识为其培训内容的人，他一定会更好地适应进步和变化.
>
> —— 爱因斯坦(美国)

【知识梳理】

当 $a,b \in \mathbf{R}$，则 $a^2+b^2 \geqslant 2ab$，当且仅当 $a=b$ 时取得等号；

当 $a,b \in \mathbf{R}_+$，则 $a+b \geqslant 2\sqrt{ab}$，当且仅当 $a=b$ 时取得等号；

当 $a,b,c \in \mathbf{R}_+$，则 $a+b+c \geqslant 3\sqrt[3]{abc}$，当且仅当 $a=b=c$ 时取得等号.

说明：(1) 均值不等式反映的数学含义就是算术平均数不小于几何平均数.

(2) 注意“一正、二定、三相等”，有一个条件未达到，就无法取得等号.

(3) 积定和最小，和定积最大.

均值不等式是不等式链中重要一环，要特别注意配凑系数，以满足等号成立的条件.

【例题分析】

例 1　已知 $a,b,c \in \mathbf{R}_+$，求证：$a^2+b^2+c^2+\left(\frac{1}{a}+\frac{1}{b}+\frac{1}{c}\right)^2 \geqslant 6\sqrt{3}$，并确定 a,b,c 为何值时，等号成立.

证法一　因为 a,b,c 均为正数，由均值不等式得

$$a^2+b^2+c^2 \geqslant 3\sqrt[3]{a^2b^2c^2}=3(abc)^{\frac{2}{3}}$$

$$\left(\frac{1}{a}+\frac{1}{b}+\frac{1}{c}\right)^2 \geqslant \left(3\sqrt[3]{\frac{1}{abc}}\right)^2=9(abc)^{-\frac{2}{3}}$$

故

$$a^2+b^2+c^2+\left(\frac{1}{a}+\frac{1}{b}+\frac{1}{c}\right)^2 \geqslant 3(abc)^{\frac{2}{3}}+9(abc)^{-\frac{2}{3}} \geqslant 2\sqrt{27}=6\sqrt{3}$$

当且仅当$\begin{cases}a=b=c\\3(abc)^{\frac{2}{3}}=9(abc)^{-\frac{2}{3}}\end{cases}$,即 $a=b=c=3^{\frac{1}{4}}$ 时等号成立.

证法二 因为 a,b,c 均为正数,由柯西不等式得

$$a^2+b^2+c^2 \geqslant ab+bc+ca$$

$$\left(\frac{1}{a}+\frac{1}{b}+\frac{1}{c}\right)^2 \geqslant 3\frac{1}{ab}+3\frac{1}{bc}+3\frac{1}{ca}$$

故

$$a^2+b^2+c^2+\left(\frac{1}{a}+\frac{1}{b}+\frac{1}{c}\right)^2 \geqslant ab+bc+ca+3\frac{1}{ab}+3\frac{1}{bc}+3\frac{1}{ca}$$

$$\geqslant 2\sqrt{3}+2\sqrt{3}+2\sqrt{3}=6\sqrt{3}$$

当且仅当$\begin{cases}a=b=c\\(ab)^2=(bc)^2=(ca)^2\end{cases}$,即 $a=b=c=3^{\frac{1}{4}}$,原式等号成立.

评注 本题巧用了均值不等式和柯西不等式及分析法两种不同的方法加以证明,我们要深刻理解其数学原理.

例 2 (1) 已知 $a,b\in(0,1)$,求证:$\sqrt[3]{a^2(1-b)} \leqslant \frac{1}{\sqrt[3]{4}}\cdot\frac{4a-b+1}{3}$;

(2) 若 $a,b,c\in\mathbf{R}_+$,且 $a+b+c=1$,求 $S=\sqrt[3]{a^2(1-b)}+\sqrt[3]{b^2(1-c)}+\sqrt[3]{c^2(1-a)}$ 的最大值.

证明 (1) $\sqrt[3]{a^2(1-b)}=\sqrt[3]{2a\cdot 2a\cdot(1-b)}\cdot\frac{1}{\sqrt[3]{4}}$

$$\leqslant \frac{1}{\sqrt[3]{4}}\cdot\frac{2a+2a+(1-b)}{3}=\frac{1}{\sqrt[3]{4}}\cdot\frac{4a-b+1}{3}$$

(2) 由(1) 知

$$\sqrt[3]{a^2(1-b)}=\sqrt[3]{2a\cdot 2a\cdot(1-b)}\cdot\frac{1}{\sqrt[3]{4}} \leqslant \frac{1}{\sqrt[3]{4}}\cdot\frac{4a+(1-b)}{3}$$

同理

$$\sqrt[3]{b^2(1-c)}=\sqrt[3]{2b\cdot 2b\cdot(1-c)}\cdot\frac{1}{\sqrt[3]{4}} \leqslant \frac{1}{\sqrt[3]{4}}\cdot\frac{4b+(1-c)}{3}$$

$$\sqrt[3]{c^2(1-a)}=\sqrt[3]{2c\cdot 2c\cdot(1-a)}\cdot\frac{1}{\sqrt[3]{4}}\leqslant\frac{1}{\sqrt[3]{4}}\cdot\frac{4c+(1-a)}{3}$$

三式相加得

$$S=\sqrt[3]{a^2(1-b)}+\sqrt[3]{b^2(1-c)}+\sqrt[3]{c^2(1-a)}\leqslant\frac{1}{\sqrt[3]{4}}\ \frac{3(a+b+c)+3}{3}=\sqrt[3]{2}$$

当且仅当 $a=b=c=\frac{1}{3}$ 时，取得最大值 $\sqrt[3]{2}$.

评注　一定要注意等号成立的条件，才能真正配凑好系数.

本例的典型错误证法如下：

因为

$$\sqrt[3]{a^2(1-b)}\leqslant\frac{a+a+1-b}{3}$$

$$\sqrt[3]{b^2(1-c)}\leqslant\frac{b+b+1-c}{3}$$

$$\sqrt[3]{c^2(1-a)}\leqslant\frac{c+c+1-a}{3}$$

所以

$$\begin{aligned}S&=\sqrt[3]{a^2(1-b)}+\sqrt[3]{b^2(1-c)}+\sqrt[3]{c^2(1-a)}\\&\leqslant\frac{2a+1-b}{3}+\frac{2b+1-c}{3}+\frac{2c+1-a}{3}\\&=\frac{a+b+c+3}{3}=\frac{4}{3}\end{aligned}$$

在证明不等式时，局部不等式证明成立，不代表整体成立，错误的原因就在于等号成立的条件. 上面的错误中，局部不等式成立的条件为 $a=b=c=\frac{1}{2}$，但组合之后成立的条件为 $a=b=c=\frac{1}{3}$，不能同时取到.

例 3　已知正数 x,y,z 满足 $x+y+z=1$.

(1) 求证：$\frac{x^2}{y+2z}+\frac{y^2}{z+2x}+\frac{z^2}{x+2y}\geqslant\frac{1}{3}$；

(2) 求 $4^x+4^y+4^{z^2}$ 的最小值.

证明　(1) $\frac{x^2}{y+2z}+\frac{y^2}{z+2x}+\frac{z^2}{x+2y}\geqslant\frac{(x+y+z)^2}{3x+3y+3z}=\frac{x+y+z}{3}=\frac{1}{3}$.

(2)
$$4^x+4^y+4^{z^2}\geqslant 3\cdot 4^{\frac{x+y+z^2}{3}}$$

因为

$$x+y+z^2=1-z+z^2=\left(z-\frac{1}{2}\right)^2+\frac{3}{4}\geqslant\frac{3}{4}$$

所以

$$4^x+4^y+4^{z^2}\geqslant 3\cdot 4^{\frac{x+y+z^2}{3}}=3\cdot 4^{\frac{1}{4}}=3\sqrt{2}$$

当且仅当$\begin{cases}x=y=z^2\\ z=\frac{1}{2}\end{cases}$，即 $x=y=\frac{1}{4}$，$z=\frac{1}{2}$ 时等号成立，所以最小值为 $3\sqrt{2}$.

评注 求最值问题，一定要指明取等的条件.

例 4 设 $x,y,z>0$，$x+y+z=3$，依次证明下列不等式：

(1) $\sqrt{xy}(2-\sqrt{xy})\leqslant 1$；

(2) $\dfrac{x+y}{xy(4-xy)}\geqslant\dfrac{4}{4+x+y}$；

(3) $\dfrac{x+y}{xy(4-xy)}+\dfrac{y+z}{yz(4-yz)}+\dfrac{z+x}{zx(4-zx)}\geqslant 2$.

证明 (1) **证法一** 由均值不等式得

$$\sqrt{xy}(2-\sqrt{xy})\leqslant\left(\frac{\sqrt{xy}+2-\sqrt{xy}}{2}\right)^2=1$$

证法二 由

$$\begin{aligned}\sqrt{xy}(2-\sqrt{xy})&=-\left[(\sqrt{xy})^2-2\sqrt{xy}+1\right]+1\\&=(\sqrt{xy}-1)^2\leqslant 1\end{aligned}$$

得

$$\sqrt{xy}(2-\sqrt{xy})\leqslant 1$$

(2) $\dfrac{x+y}{xy(4-xy)}\geqslant\dfrac{2\sqrt{xy}}{xy(4-xy)}=\dfrac{2}{\sqrt{xy}(2-\sqrt{xy})(2+\sqrt{xy})}$.

因为 $2+\sqrt{xy}\leqslant 2+\dfrac{x+y}{2}$，且$\sqrt{xy}(2-\sqrt{xy})\leqslant 1$，所以

$$\frac{x+y}{xy(4-xy)}\geqslant\frac{2}{2+\frac{x+y}{2}}=\frac{4}{4+x+y} \qquad ①$$

(3) 同(2) 证明可得

$$\frac{y+z}{yz(4-yz)} \geqslant \frac{4}{4+y+z} \quad ②$$

$$\frac{z+x}{zx(4-zx)} \geqslant \frac{4}{4+z+x} \quad ③$$

所以

$$\begin{aligned} &\frac{x+y}{xy(4-xy)}+\frac{y+z}{yz(4-yz)}+\frac{z+x}{zx(4-zx)} \\ \geqslant &\frac{4}{4+x+y}+\frac{4}{4+y+z}+\frac{4}{4+z+x} \\ \geqslant &\frac{(2+2+2)^2}{4+x+y+4+y+z+4+z+x} \\ = &\frac{36}{12+2(x+y+z)}=2 \end{aligned}$$

评注　第(1) 小题,简单运用一下均值不等式即可;第(2) 小题,注意分式不等式运用均值不等式时的一些注意事项;第(3) 小题是第(2) 小题的一个加强.

例 5　(1) 设 $x,y,z>0$,且 $xyz=1$,求证:

$$\frac{x^3}{(1+y)(1+z)}+\frac{y^3}{(1+z)(1+x)}+\frac{z^3}{(1+x)(1+y)} \geqslant \frac{3}{4}$$

(2) 设 $a,b,c>0$,求证:$\frac{a}{1-a^2}+\frac{b}{1-b^2}+\frac{c}{1-c^2} \geqslant \frac{3\sqrt{3}}{2}$.

证明　(1) 本题采用均值定理分拆法,由均值定理得

$$\frac{x^3}{(1+y)(1+z)}+\frac{1+y}{8}+\frac{1+z}{8} \geqslant 3\sqrt[3]{\frac{x^3}{(1+y)(1+z)} \cdot \frac{1+y}{8} \cdot \frac{1+z}{8}}=\frac{3x}{4}$$

则

$$\frac{x^3}{(1+y)(1+z)} \geqslant \frac{3x}{4}-\frac{1+y}{8}-\frac{1+z}{8} \quad ①$$

同理

$$\frac{y^3}{(1+z)(1+x)} \geqslant \frac{3y}{4}-\frac{1+z}{8}-\frac{1+x}{8} \quad ②$$

$$\frac{z^3}{(1+x)(1+y)} \geqslant \frac{3z}{4}-\frac{1+x}{8}-\frac{1+y}{8} \quad ③$$

将上面三式 ①②③ 相加得

$$\sum \frac{x^3}{(1+y)(1+z)} \geqslant \sum \frac{3x}{4}-\sum \frac{1+y}{8}-\sum \frac{1+z}{8}$$

$$=\frac{3}{4}\sum x-\frac{3}{8}-\frac{1}{8}\sum x-\frac{3}{8}-\frac{1}{8}\sum x$$

$$=\frac{3}{4}\sum x-\frac{3}{4}-\frac{1}{4}\sum x=\frac{1}{2}\sum x-\frac{3}{4}$$

$$\geqslant\frac{3}{2}\cdot\sqrt[3]{xyz}-\frac{3}{4}=\frac{3}{4}$$

(2) 本题采用均值定理构造法,由均值定理得

$$A+B+C\geqslant 3\sqrt[3]{ABC} \quad ④$$

令 $A=2a^2,B=1-a^2,C=1-a^2$,代入式 ④ 得

$$2a^2+1-a^2+1-a^2\geqslant 3\sqrt[3]{2a^2(1-a^2)(1-a^2)}$$

即

$$2\geqslant 3\sqrt[3]{2a^2(1-a^2)^2}$$

$$2^3\geqslant 3^3\cdot 2a^2(1-a^2)^2,2\geqslant 3\sqrt{3}a(1-a^2)$$

$$\frac{1}{1-a^2}\geqslant\frac{3\sqrt{3}}{2}a,\ \frac{a}{1-a^2}\geqslant\frac{3\sqrt{3}}{2}a^2 \quad ⑤$$

同理得

$$\frac{b}{1-b^2}\geqslant\frac{3\sqrt{3}}{2}b^2,\frac{c}{1-c^2}\geqslant\frac{3\sqrt{3}}{2}c^2$$

上面三式相加及 $a^2+b^2+c^2=1$,得

$$\frac{a}{1-a^2}+\frac{b}{1-b^2}+\frac{c}{1-c^2}\geqslant\frac{3\sqrt{3}}{2}$$

评注 第(1) 小题运用均值定理分拆法,实际上是注意了不等式相等时的条件来确定分拆;第(2) 小题采用均值定理构造法来证明不等式,这两个小题难度都比较大,证法不易想到.

【课外训练】

1.已知 $a,b,c\in\mathbf{R}_+$.

(1) 求证:$\frac{a+b+c}{9abc}\geqslant\frac{1}{ab+bc+ca}$;

(2) 求$\left(a+\frac{1}{b}\right)^2+\left(b+\frac{1}{c}\right)^2+\left(c+\frac{1}{a}\right)^2$ 的最小值.

2.设 $a,b,c\in\mathbf{R}_+$ 且 $a+b+c=3$,求$\log_2(a+2b)+2\log_2(a+2c)$ 的最大

值.

3. 已知 $a,b,c\in(1,2)$.

(1) 求证：$\dfrac{1}{(a-1)(2-a)}\geqslant 4$；

(2) 求 $y=\dfrac{1}{\sqrt{(a-1)(2-b)}}+\dfrac{1}{\sqrt{(b-1)(2-c)}}+\dfrac{1}{\sqrt{(c-1)(2-a)}}$ 的最小值.

4. 已知正数 x,y,z 满足 $5x+4y+3z=10$.

(1) 求证：$\dfrac{25x^2}{4y+3z}+\dfrac{16y^2}{3z+5x}+\dfrac{9z^2}{5x+4y}\geqslant 5$；

(2) 求 $9^{x^2}+9^{y^2+z^2}$ 的最小值.

5. 已知实数 $x>0,y>0,A=x^2+y^2+1,B=\dfrac{1}{3}(x+y+1)^2,C=x+y+xy$，试指出 A,B,C 三个数的大小关系，并给出证明.

第3章　一些分式不等式的统一简证

在科学上最好的助手是自己的头脑，而不是别的东西.

——法布尔(法国)

【知识梳理】

巧妙地利用基本不等式 $a^2+b^2\geqslant 2ab$ 的变式$\frac{a^2}{b}\geqslant 2a-b$，可使一些不等式的证明得到大大的简化，本章通过实例谈一谈如何利用均值不等式的变式证明竞赛题中有关不等式的问题(本章用“$\sum$”表示循环和).

【例题分析】

例1　已知 a,b,c 为 $\triangle ABC$ 的三边长，求证：$\frac{a^2}{b+c-a}+\frac{b^2}{c+a-b}+\frac{c^2}{a+b-c}\geqslant a+b+c$.

证明

$$\sum\frac{a^2}{b+c-a}\geqslant\sum(2a-b-c+a)$$
$$=\sum(3a-b-c)=a+b+c.$$

评注　本题求解充分运用基本不等式 $a^2+b^2\geqslant 2ab$ 的变式$\frac{a^2}{b}\geqslant 2a-b$ 解题，解题时注意分式结构特点.

例2　已知 $a>1,b>1,t\in\mathbf{R}$，求证：$\frac{a^{2t}}{b^t-1}+\frac{b^{2t}}{a^t-1}\geqslant 8$.

证明

$$\sum\frac{(2a^t)^2}{4(b^t-1)}\geqslant\sum(4a^t-4b^t+4)=8$$

评注　运用基本不等式 $a^2+b^2\geqslant 2ab$ 的变式$\frac{a^2}{b}\geqslant 2a-b$解题时，有时需要对其系数进行研究，注意不等式取等号的特点.

例3　设 $a,b,c\in\mathbf{R}_+$，且 $abc=1$，求证：

$$\frac{1}{a^3(b+c)}+\frac{1}{b^3(c+a)}+\frac{1}{c^3(a+b)}\geqslant\frac{3}{2}$$

证明　$$\sum\frac{1}{a^3(b+c)}=\frac{1}{4}\sum\frac{(2bc)^2}{a(b+c)}\geqslant\frac{1}{4}\sum[4bc-a(b+c)]$$

$$=\frac{1}{4}\sum 2ab\geqslant\frac{1}{2}\cdot 3\cdot\sqrt[3]{a^2b^2c^2}=\frac{3}{2}$$

评注　运用基本不等式 $a^2+b^2\geqslant 2ab$ 的变式$\frac{a^2}{b}\geqslant 2a-b$解题时，有时要进行恒等变形，且注意分式结构特点，包括不等式取等号的条件.

例4　设 $a,b,c\in\mathbf{R}_+$，且 $abc=1$，求证：

$$\left(a-1+\frac{1}{b}\right)\left(b-1+\frac{1}{c}\right)\left(c-1+\frac{1}{a}\right)\leqslant 1$$

证明　由

$$\frac{a^2b}{a-1+\frac{1}{b}}=\frac{a^2b^2}{ab-b+1}\geqslant 2ab-ab+b-1=ab+b-1=\frac{1}{c}+b-1$$

得

$$a^2b\geqslant\left(a-1+\frac{1}{b}\right)\left(b-1+\frac{1}{c}\right)$$

同理

$$b^2c\geqslant\left(b-1+\frac{1}{c}\right)\left(c-1+\frac{1}{a}\right)$$

$$c^2a\geqslant\left(c-1+\frac{1}{a}\right)\left(a-1+\frac{1}{b}\right)$$

上述三式相乘得

$$\left(a-1+\frac{1}{b}\right)^2\left(b-1+\frac{1}{c}\right)^2\left(c-1+\frac{1}{a}\right)^2\leqslant a^2b\cdot b^2c\cdot c^2a=1$$

评注　运用基本不等式 $a^2+b^2\geqslant 2ab$ 的变式$\frac{a^2}{b}\geqslant 2a-b$解题时，有时要进行恒等变形，且特别注意条件 $abc=1$ 的充分运用.

例5　设 $a,b,c\in\mathbf{R}_+$，且满足 $a+b+c=1$，求证：

$$\frac{a^4}{b(1-b)}+\frac{b^4}{c(1-c)}+\frac{c^4}{a(1-a)}\geqslant\frac{1}{6}$$

证明 因为$\frac{a^4}{2b(1-b)}\geqslant\frac{a^4}{\frac{(2b+1-b)^2}{4}}=\frac{4a^4}{(b+1)^2}$,所以

$$\frac{a^4}{b(1-b)}\geqslant\frac{8a^4}{(b+1)^2}=\frac{1}{2}\cdot\frac{a^4}{\left(\frac{b+1}{4}\right)^2}\geqslant\frac{1}{2}\left[2a^2-\left(\frac{b+1}{4}\right)^2\right]$$

$$=a^2-\frac{(b+1)^2}{32}$$

所以

$$\sum\frac{a^4}{b(1-b)}\geqslant\sum a^2-\frac{1}{32}\sum(b+1)^2=\frac{31}{32}\sum a^2-\frac{5}{32}$$

$$\geqslant\frac{31}{32}\cdot\frac{(a+b+c)^2}{3}-\frac{5}{32}$$

$$\geqslant\frac{1}{6}$$

评注 本题也可以用如下的方法来证明:

$$\sum\frac{a^4}{b(1-b)}\geqslant\frac{(\sum a^2)^2}{\sum b-\sum b^2}$$

$$6(\sum a^2)^2\geqslant 1-\sum a^2$$

$$t=\sum a^2\Rightarrow t\geqslant\frac{1}{3}\Rightarrow t^2+\frac{1}{6}t-\frac{1}{6}\geqslant 0$$

【课外训练】

1. 已知 $a>1,b>1,c>1$,且 $a^2+b^2+c^2=12$,求证:

$$\frac{1}{a-1}+\frac{1}{b-1}+\frac{1}{c-1}\geqslant 3$$

2. 设 $\alpha,\beta,\gamma\in\left(0,\frac{\pi}{2}\right)$,且$\sin^2\alpha+\sin^2\beta+\sin^2\gamma=1$,求证:

$$\frac{\sin^3\alpha}{\sin\beta}+\frac{\sin^3\beta}{\sin\gamma}+\frac{\sin^3\gamma}{\sin\alpha}\geqslant 1$$

3. 设 a,b,c,d 满足 $ab+bc+cd+da=1$,求证:

$$\frac{a^3}{b+c+d}+\frac{b^3}{a+c+d}+\frac{c^3}{a+b+d}+\frac{d^3}{a+b+c}\geqslant\frac{1}{3}$$

4.设$\frac{3}{2} \leqslant x \leqslant 5$,求证:$2\sqrt{x+1}+\sqrt{2x-3}+\sqrt{15-3x}<2\sqrt{19}$.

5.设$\mu,\lambda \in \mathbf{R}_{+}$,$0<x,y,z<\frac{\lambda}{\mu}$,且$x+y+z=1$,求证:

$$\frac{x}{\lambda-\mu x}+\frac{y}{\lambda-\mu y}+\frac{z}{\lambda-\mu z} \geqslant \frac{3}{3\lambda-\mu}$$

第 4 章　恒成立问题中的参数求解

科学成就是一点一滴积累起来的,唯有长期的积聚才能由点滴汇成大海.
——华罗庚(中国)

【知识要点】

在不等式中,有一类问题是求参数在什么范围内不等式恒成立.恒成立条件下不等式参数的取值范围问题,涉及的知识面广、综合性强,同时数学语言抽象,如何从题目中提取可借用的知识模块往往捉摸不定,难以寻觅,是同学们学习的一个难点,同时也是高考命题中的一个热点.

【例题讲解】

例 1　对于 $x \in \mathbf{R}$,不等式 $x^2-2x+3-m \geqslant 0$ 恒成立,求实数 m 的取值范围.

解　不妨设 $f(x)=x^2-2x+3-m$,其函数图像是开口向上的抛物线,为了使 $f(x) \geqslant 0(x \in \mathbf{R})$,只需 $\Delta \leqslant 0$,即 $(-2)^2-4(3-m) \leqslant 0$,解得 $m \leqslant 2 \Rightarrow m \in(-\infty,2]$.

评注　有关含有参数的一元二次不等式问题,若能把不等式转化成二次函数或二次方程,通过根的判别式或数形结合思想,可使问题得到顺利解决.

本题可变形为:若对于 $x \in \mathbf{R}$,不等式 $mx^2+2mx+3>0$ 恒成立,求实数 m 的取值范围.

此题需要对 m 的取值进行讨论,设 $f(x)=mx^2+2mx+3$. ① 当 $m=0$ 时,$3>0$,显然成立. ② 当 $m>0$ 时,则 $\Delta<0 \Rightarrow 0<m<3$. ③ 当 $m<0$ 时,显然不等式不恒成立. 由 ①②③ 知 $m \in[0,3)$.

对于有关二次不等式 $ax^2+bx+c>0$(或 <0) 的问题,可设函数 $f(x)=$

ax^2+bx+c，由 a 的符号确定其抛物线的开口方向，再根据图像与 x 轴的交点问题，由判别式进行解决. 实际上，设 $f(x)=ax^2+bx+c(a\neq 0)$，则有：

(1) $f(x)>0$ 在 $x\in\mathbf{R}$ 上恒成立 $\Leftrightarrow a>0$ 且 $\Delta<0$；

(2) $f(x)<0$ 在 $x\in\mathbf{R}$ 上恒成立 $\Leftrightarrow a<0$ 且 $\Delta<0$.

例 2　已知函数 $f(x)=x^2-2kx+2$，在 $x\geqslant -1$ 时恒有 $f(x)\geqslant k$，求实数 k 的取值范围.

解　令 $F(x)=f(x)-k=x^2-2kx+2-k$，则 $F(x)\geqslant 0$，对一切 $x\geqslant -1$ 恒成立，而 $F(x)$ 是开口向上的抛物线.

① 当图像与 x 轴无交点满足 $\Delta<0$，即 $\Delta=4k^2-4(2-k)<0$，解得 $-2<k<1$.

② 当图像与 x 轴有交点，且在 $x\in[-1,+\infty)$ 时 $F(x)\geqslant 0$，只需

$$\begin{cases}\Delta\geqslant 0\\ F(-1)\geqslant 0\\ -\dfrac{-2k}{2}\leqslant -1\end{cases}\Rightarrow\begin{cases}k\leqslant -2\text{ 或 }k\geqslant -1\\ 1+2k+2-k\geqslant 0\\ k\leqslant -1\end{cases}$$

$$\Rightarrow -3\leqslant k\leqslant -2$$

由 ①② 知 $-3\leqslant k<1$.

评注　为了使 $f(x)\geqslant k$ 在 $x\in[-1,+\infty)$ 恒成立，构造一个新函数 $F(x)=f(x)-k$ 是解题的关键，再利用二次函数的图像性质进行分类讨论，使问题得到圆满解决. 有些问题可化为二次函数在闭区间上恒成立问题：

设 $f(x)=ax^2+bx+c(a\neq 0)$.

(1) 当 $a>0$ 时，f

$(x)>0$ 在 $x\in[\alpha,\beta]$ 上恒成立

$$\Leftrightarrow\begin{cases}-\dfrac{b}{2a}<\alpha\\ f(\alpha)>0\end{cases}\text{或}\begin{cases}\alpha\leqslant -\dfrac{b}{2a}\leqslant\beta\\ \Delta<0\end{cases}\text{或}\begin{cases}-\dfrac{b}{2a}>\beta\\ f(\beta)>0\end{cases}$$

$$f(x)<0\text{ 在 }x\in[\alpha,\beta]\text{ 上恒成立}\Leftrightarrow\begin{cases}f(\alpha)<0\\ f(\beta)<0\end{cases}$$

(2) 当 $a<0$ 时

$$f(x)>0\text{ 在 }x\in[\alpha,\beta]\text{ 上恒成立}\Leftrightarrow\begin{cases}f(\alpha)>0\\ f(\beta)>0\end{cases}$$

$f(x)<0$ 在 $x\in[\alpha,\beta]$ 上恒成立 $\Leftrightarrow\begin{cases}-\dfrac{b}{2a}<\alpha\\ f(\alpha)>0\end{cases}$ 或 $\begin{cases}\alpha\leqslant-\dfrac{b}{2a}\leqslant\beta\\ \Delta<0\end{cases}$ 或 $\begin{cases}-\dfrac{b}{2a}>\beta\\ f(\beta)<0\end{cases}$

例 3 (1) 求使不等式 $a>\sin x-\cos x, x\in[0,\pi]$ 恒成立的实数 a 的范围.

(2) 已知二次函数 $f(x)=ax^2+x$,如果 $x\in[0,1]$ 时 $|f(x)|\leqslant1$,求实数 a 的取值范围.

解 (1) 由于 $a>\sin x-\cos x=\sqrt{2}\sin\left(x-\dfrac{\pi}{4}\right)$, $\left(x-\dfrac{\pi}{4}\right)\in\left[-\dfrac{\pi}{4},\dfrac{3\pi}{4}\right]$,显然函数有最大值$\sqrt{2}$,所以 $a>\sqrt{2}$.

(2)$x\in[0,1]$ 时,$|f(x)|\leqslant1\Leftrightarrow-1\leqslant f(x)\leqslant1$,即 $-1\leqslant ax^2+x\leqslant1$.

① 当 $x=0$ 时,$a\in\mathbf{R}$.

② 当 $x\in(0,1]$ 时,问题转化为$\begin{cases}ax^2\geqslant-x-1\\ ax^2\leqslant-x+1\end{cases}$恒成立,由 $a\geqslant-\dfrac{1}{x^2}-\dfrac{1}{x}$ 恒成立,即求 $-\dfrac{1}{x^2}-\dfrac{1}{x}$ 的最大值. 设 $u(x)=-\dfrac{1}{x^2}-\dfrac{1}{x}=-\left(\dfrac{1}{x}+\dfrac{1}{2}\right)^2+\dfrac{1}{4}$. 因 $x\in(0,1]$,$\dfrac{1}{x}\in[1,+\infty)$,$u(x)$ 为减函数,所以当 $x=1$ 时,$u(x)_{\max}=-2$,可得 $a\geqslant-2$.

由 $a\leqslant\dfrac{1}{x^2}-\dfrac{1}{x}$ 恒成立,即求$\dfrac{1}{x^2}-\dfrac{1}{x}$ 的最小值. 设 $v(x)=\dfrac{1}{x^2}-\dfrac{1}{x}=\left(\dfrac{1}{x}-\dfrac{1}{2}\right)^2-\dfrac{1}{4}$. 因 $x\in(0,1]$,$\dfrac{1}{x}\in[1,+\infty)$,$v(x)$ 为增函数,所以当 $x=1$ 时,$v(x)_{\min}=0$,可得 $a\leqslant0$.

由 ①② 知 $-2\leqslant a\leqslant0$.

评注 在闭区间$[0,1]$上使 $|f(x)|\leqslant1$ 分离出 a,然后讨论关于$\dfrac{1}{x}$ 的二次函数在$[1,+\infty)$ 上的单调性. 如果能够将参数分离出来,建立起明确的参数和变量 x 的关系,则可以利用函数的单调性求解.

$a > f(x)$ 恒成立 $\Leftrightarrow a > f(x)_{\max}$，即大于时大于函数 $f(x)$ 值域的上界.

$a < f(x)$ 恒成立 $\Leftrightarrow a < f(x)_{\min}$，即小于时小于函数 $f(x)$ 值域的下界.

例 4　若不等式 $2x-1 > m(x^2-1)$，对满足 $-2 \leqslant m \leqslant 2$ 所有的 x 都成立，求 x 的取值范围.

解　原不等式可化为 $m(x^2-1)-(2x-1) < 0$.

令 $f(m)=(x^2-1)m-(2x-1)(-2 \leqslant m \leqslant 2)$ 是关于 m 的一次函数.

由题意知

$$\begin{cases} f(-2)=-2(x^2-1)-(2x-1) < 0 \\ f(2)=2(x^2-1)-(2x-1) < 0 \end{cases}$$

解得

$$\frac{-1+\sqrt{7}}{2} < x < \frac{1+\sqrt{3}}{2}$$

所以 x 的取值范围是 $\left(\frac{-1+\sqrt{7}}{2}, \frac{1+\sqrt{3}}{2}\right)$.

评注　利用函数思想，变换主元，通过直线方程的性质求解. 在解含参不等式时，有时若能换一个角度，变参数为主元，可以得到意想不到的效果，使问题能更迅速地得到解决.

例 5　当 $x \in (1,2)$ 时，不等式 $(x-1)^2 < \log_a x$ 恒成立，求 a 的取值范围.

解　设 $T_1: f(x)=(x-1)^2$，$T_2: g(x)=\log_a x$，则 T_1 的图像为如图 1 所示的抛物线，要使对一切 $x \in (1,2)$，$f(x) < g(x)$ 恒成立即 T_1 的图像一定要在 T_2 的图像的下方，显然 $a > 1$，并且必须也只需 $g(2) > f(2)$.

故 $\log_a 2 > 1$，$a > 1$，所以 $1 < a \leqslant 2$.

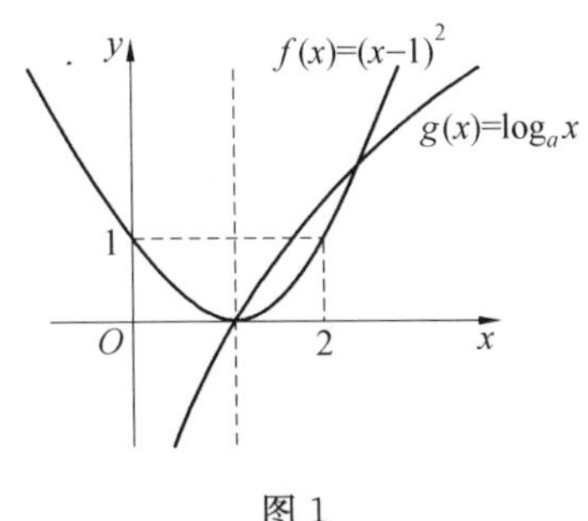

图 1

评注　若将不等号两边分别设成两个函数，则左边为二次函数，右边为对数函数,故可以采用数形结合借助图像位置关系通过特指求解 a 的取值范围.对一些不能把数放在一侧的,可以利用对应函数的图像法求解.

【课外训练】

1.设 $f(x)=\lg\dfrac{1+2^x+a4^x}{3}$,其中 $a\in\mathbf{R}$,如果 $x\in(-\infty,1)$ 时,$f(x)$ 恒有意义,求 a 的取值范围.

2.设函数是定义在 $(-\infty,+\infty)$ 上的增函数,如果不等式 $f(1-ax-x^2)<f(2-a)$ 对于任意 $x\in[0,1]$ 恒成立,求实数 a 的取值范围.

3.已知当 $x\in\mathbf{R}$ 时,不等式 $a+\cos 2x<5-4\sin x$ 恒成立,求实数 a 的取值范围.

4.(1) 设 $f(x)=x^2-2ax+2$,当 $x\in[-1,+\infty)$ 时,都有 $f(x)\geqslant a$ 恒成立,求 a 的取值范围;

(2) 已知关于 x 的方程 $\lg(x^2+20x)-\lg(8x-6a-3)=0$ 有唯一解,求实数 a 的取值范围.

5.对于满足 $|p|\leqslant 2$ 的所有实数 p,求使不等式 $x^2+px+1>p+2x$ 恒成立的 x 的取值范围.

第 5 章　数列型不等式的放缩技巧

困难只能吓倒懦夫懒汉，而胜利永远属于敢于攀登科学高峰的人.

—— 茅以升(中国)

【知识要点】

因数列型不等式思维跨度大、构造性强，证明时需要有较高的放缩技巧，充满思考性和挑战性，能全面而综合地考查学生的潜能与后继学习能力，因此成为高考压轴题及各级各类竞赛试题命题的极好素材.这类问题的求解策略往往是：通过多角度观察所给数列通项的结构，深入剖析其特征，抓住其规律进行恰当地放缩.

【例题讲解】

例 1　设 $S_n=\sqrt{1\cdot 2}+\sqrt{2\cdot 3}+\cdots+\sqrt{n(n+1)}$.求证：$\frac{n(n+1)}{2}<S_n<\frac{(n+1)^2}{2}$.

证明　此数列的通项为 $a_k=\sqrt{k(k+1)}$，$k=1,2,\cdots,n$.

因为

$$k<\sqrt{k(k+1)}<\frac{k+k+1}{2}=k+\frac{1}{2}$$

所以

$$\sum_{k=1}^{n}k<S_n<\sum_{k=1}^{n}(k+\frac{1}{2})$$

即

$$\frac{n(n+1)}{2}<S_n<\frac{n(n+1)}{2}+\frac{n}{2}<\frac{(n+1)^2}{2}$$

评注 (1) 应注意把握放缩的"度":上述不等式右边放缩用的是均值不等式 $\sqrt{ab} \leqslant \frac{a+b}{2}$,若放成 $\sqrt{k(k+1)} < k+1$,则得 $S_n < \sum_{k=1}^{n}(k+1) = \frac{(n+1)(n+3)}{2} > \frac{(n+1)^2}{2}$,就放过"度"了!

(2) 根据所证不等式的结构特征来选取所需要的重要不等式,这里

$$\frac{n}{\frac{1}{a_1}+\frac{1}{a_2}+\cdots+\frac{1}{a_n}} \leqslant \sqrt[n]{a_1a_2\cdots a_n} \leqslant \frac{a_1+a_2+\cdots+a_n}{n} \leqslant \sqrt{\frac{a_1^2+a_2^2+\cdots+a_n^2}{n}}$$

其中,$n=2,3$ 等各式及其变式公式均可供选用.

如对上述例 1,令 $T_n = S_n - \frac{(n+1)^2}{2}$,则

$$T_{n+1} - T_n = \sqrt{(n+1)(n+2)} - \frac{2n+3}{2} < 0 \Rightarrow T_n > T_{n+1}$$

所以 $\{T_n\}$ 递减,有 $T_n \leqslant T_1 = \sqrt{2}-2 < 0$,故 $S_n < \frac{(n+1)^2}{2}$.

例 2 求证:$(1+1)(1+\frac{1}{3})(1+\frac{1}{5})\cdots(1+\frac{1}{2n-1}) > \sqrt{2n+1}$.

证法一 利用假分数的一个性质 $\frac{b}{a} > \frac{b+m}{a+m}(b>a>0,m>0)$ 可得

$$\frac{2}{1}\cdot\frac{4}{3}\cdot\frac{6}{5}\cdot\cdots\cdot\frac{2n}{2n-1} > \frac{3}{2}\cdot\frac{5}{4}\cdot\frac{7}{6}\cdot\cdots\cdot\frac{2n+1}{2n}$$
$$=\frac{1}{2}\cdot\frac{3}{4}\cdot\frac{5}{6}\cdot\cdots\cdot\frac{2n-1}{2n}\cdot(2n+1)$$
$$\Rightarrow\left(\frac{2}{1}\cdot\frac{4}{3}\cdot\frac{6}{5}\cdot\cdots\cdot\frac{2n}{2n-1}\right)^2 > 2n+1$$

即

$$(1+1)(1+\frac{1}{3})(1+\frac{1}{5})\cdots(1+\frac{1}{2n-1}) > \sqrt{2n+1}$$

证法二 利用伯努利不等式 $(1+x)^n > 1+nx(n\in \mathbf{N}^*,n\geqslant 2,x>-1,x\neq 0)$ 的一个特例

$$(1+\frac{1}{2k-1})^2 > 1+2\cdot\frac{1}{2k-1}(\text{此处 } n=2,x=\frac{1}{2k-1})$$

得

$$1+\frac{1}{2k-1} > \sqrt{\frac{2k+1}{2k-1}} \Rightarrow \prod_{k=1}^{n}(1+\frac{1}{2k-1}) = \prod_{k=1}^{n}\sqrt{\frac{2k+1}{2k-1}} = \sqrt{2n+1}$$

证法三　令

$$T_n=\frac{(1+1)(1+\frac{1}{3})(1+\frac{1}{5})\cdots(1+\frac{1}{2n-1})}{\sqrt{2n+1}}$$

则

$$\frac{T_{n+1}}{T_n}=\cdots=\frac{2n+2}{\sqrt{2n+1}\sqrt{2n+3}}>1$$

即 $T_n<T_{n+1}$，所以$\{T_n\}$递增，有 $T_n\geqslant T_1=\frac{2}{\sqrt{3}}>1$，得证！

评注　例2是1985年上海高考试题，以此题为主干添"枝"加"叶"而编拟成1998年全国高考文科试题；进行升维处理并加参数而成理科姊妹题.理科题的主干是：

证明：$(1+1)(1+\frac{1}{4})(1+\frac{1}{7})\cdots(1+\frac{1}{3n-2})>\sqrt[3]{3n+1}$.（可考虑用伯努利不等式 $n=3$ 的特例）

例2的加强命题 $(1+1)(1+\frac{1}{3})(1+\frac{1}{5})\cdots(1+\frac{1}{2n-1})\geqslant\frac{2\sqrt{3}}{3}\sqrt{2n+1}$.

并可改造成为探索性问题：求对任意 $n\geqslant1$ 使 $(1+1)(1+\frac{1}{3})(1+\frac{1}{5})\cdots(1+\frac{1}{2n-1})\geqslant k\sqrt{2n+1}$ 恒成立的正整数 k 的最大值；同理可得理科姊妹题的加强命题及其探索性结论，读者不妨一试！

例3　设数列$\{a_n\}$满足 $a_{n+1}=a_n^2-na_n+1(n\in\mathbf{N}^*)$，当 $a_1\geqslant3$ 时证明对所有 $n\geqslant1$，有(1) $a_n\geqslant n+2$；(2) $\frac{1}{1+a_1}+\frac{1}{1+a_2}+\cdots+\frac{1}{1+a_n}\leqslant\frac{1}{2}$.

解　(1) 用数学归纳法：当 $n=1$ 时显然成立，假设当 $n\geqslant k$ 时成立，即 $a_k\geqslant k+2$，则当 $n=k+1$ 时

$$a_{k+1}=a_k(a_k-k)+1\geqslant a_k(k+2-k)+1\geqslant(k+2)\cdot2+1>k+3$$

成立.

(2) 利用上述部分放缩的结论 $a_{k+1}\geqslant2a_k+1$ 来放缩通项，可得

$$a_{k+1}+1\geqslant2(a_k+1)\Rightarrow a_k+1\geqslant\cdots\geqslant2^{k-1}(a_1+1)$$

$$\geqslant2^{k-1}\cdot4=2^{k+1}\Rightarrow\frac{1}{a_k+1}\leqslant\frac{1}{2^{k+1}}$$

$$\sum_{i=1}^{n}\frac{1}{1+a_i}\leqslant\sum_{i=1}^{n}\frac{1}{2^{i+1}}=\frac{1}{4}\cdot\frac{1-(\frac{1}{2})^n}{1-\frac{1}{2}}\leqslant\frac{1}{2}$$

评注 上述证明(1)用到部分放缩，当然根据不等式的性质也可以整体放缩：$a_{k+1}\geqslant(k+2)(k+2-k)+1>k+3$；证明(2)就直接使用了部分放缩的结论 $a_{k+1}\geqslant 2a_k+1$.

例 4 数列 $\{x_n\}$ 由下列条件确定：$x_1=a>0$，$x_{n+1}=\frac{1}{2}\left(x_n+\frac{a}{x_n}\right)$，$n\in\mathbf{N}^*$.

(1) 求证：对 $n\geqslant 2$ 总有 $x_n\geqslant\sqrt{a}$；

(2) 求证：对 $n\geqslant 2$ 总有 $x_n\geqslant x_{n+1}$.

解 (1) 构造函数 $f(x)=\frac{1}{2}\left(x+\frac{a}{x}\right)$，易知 $f(x)$ 在 $[\sqrt{a},+\infty)$ 是增函数.

当 $n=k+1$ 时，$x_{k+1}=\frac{1}{2}\left(x_k+\frac{a}{x_k}\right)$ 在 $[\sqrt{a},+\infty)$ 递增，故 $x_{k+1}>f(\sqrt{a})=\sqrt{a}$.

(2) 有 $x_n-x_{n+1}=\frac{1}{2}\left(x_n-\frac{a}{x_n}\right)$，构造函数 $f(x)=\frac{1}{2}\left(x-\frac{a}{x}\right)$，它在 $[\sqrt{a},+\infty)$ 上是增函数，故有 $x_n-x_{n+1}=\frac{1}{2}\left(x_n-\frac{a}{x_n}\right)\geqslant f(\sqrt{a})=0$，得证.

评注 (1) 本题有着深厚的科学背景：是计算机开平方设计迭代程序的根据；同时有着高等数学背景 —— 数列 $\{x_n\}$ 单调递减有下界因而有极限：$a_n\to\sqrt{a}\,(n\to+\infty)$.

(2) $f(x)=\frac{1}{2}\left(x+\frac{a}{x}\right)$ 是递推数列 $x_{n+1}=\frac{1}{2}\left(x_n+\frac{a}{x_n}\right)$ 的母函数，研究其单调性对此数列本质属性的揭示往往具有重要的指导作用.

例 5 已知数列 $\{a_n\}$ 满足：$a_1=\frac{3}{2}$，且 $a_n=\frac{3na_{n-1}}{2a_{n-1}+n-1}\,(n\geqslant 2,n\in\mathbf{N}^*)$.

(1) 求数列 $\{a_n\}$ 的通项公式；

(2) 求证：对一切正整数 n 有 $a_1\cdot a_2\cdot\cdots\cdot a_n<2\cdot n!$.

解 (1) 将条件变为：$1-\frac{n}{a_n}=\frac{1}{3}\left(1-\frac{n-1}{a_{n-1}}\right)$，因此 $\left\{1-\frac{n}{a_n}\right\}$ 为一个等比

数列,其首项为 $1-\frac{1}{a_1}=\frac{1}{3}$,公比$\frac{1}{3}$,从而 $1-\frac{n}{a_n}=\frac{1}{3^n}$,据此得

$$a_n=\frac{n\cdot 3^n}{3^n-1},n\geqslant 1 \quad ①$$

(2) 据 ① 得,$a_1\cdot a_2\cdot\cdots\cdot a_n=\frac{n!}{(1-\frac{1}{3})\cdot(1-\frac{1}{3^2})\cdot\cdots\cdot(1-\frac{1}{3^n})}$,为证 $a_1\cdot a_2\cdot\cdots\cdot a_n<2\cdot n!$,只要证 $n\in\mathbf{N}^*$ 时有

$$(1-\frac{1}{3})\cdot(1-\frac{1}{3^2})\cdot\cdots\cdot(1-\frac{1}{3^n})>\frac{1}{2} \quad ②$$

显然,左端每个因式都是正数,先证明一个加强不等式:

对每个 $n\in\mathbf{N}^*$,有

$$(1-\frac{1}{3})\cdot(1-\frac{1}{3^2})\cdot\cdots\cdot(1-\frac{1}{3^n})\geqslant 1-(\frac{1}{3}+\frac{1}{3^2}+\cdots+\frac{1}{3^n}) \quad ③$$

(用数学归纳法,证略) 利用 ③ 得

$$(1-\frac{1}{3})\cdot(1-\frac{1}{3^2})\cdot\cdots\cdot(1-\frac{1}{3^n})\geqslant 1-(\frac{1}{3}+\frac{1}{3^2}+\cdots+\frac{1}{3^n})$$

$$=1-\frac{\frac{1}{3}[1-(\frac{1}{3})^n]}{1-\frac{1}{3}}=1-\frac{1}{2}[1-(\frac{1}{3})^n]=\frac{1}{2}+\frac{1}{2}(\frac{1}{3})^n>\frac{1}{2}$$

故式 ② 成立,从而结论成立.

评注　数学归纳法也是证明不等式的重要工具.

【课外作业】

1. 已知函数 $f(x)=\frac{1}{1+a\cdot 2^{bx}}$,若 $f(1)=\frac{4}{5}$,且 $f(x)$ 在$[0,1]$上的最小值为$\frac{1}{2}$,求证:$f(1)+f(2)+\cdots+f(n)>n+\frac{1}{2^{n+1}}-\frac{1}{2}$.

2. 已知函数 $f(x)=\lg\frac{1+2^x+3^x+\cdots+(n-1)^x+a\cdot n^x}{n}$,$0<a\leqslant 1$,给定 $n\in\mathbf{N}^*$,$n\geqslant 2$.

求证:$f(2x)>2f(x)(x\neq 0)$ 对任意 $n\in\mathbf{N}^*$ 且 $n\geqslant 2$ 恒成立.

3. (1) 设 $a_n=1+\frac{1}{2^a}+\frac{1}{3^a}+\cdots+\frac{1}{n^a}$,$a\geqslant 2$. 求证:$a_n<2$.

(2) 设数列 $\{a_n\}$ 满足 $a_1=2, a_{n+1}=a_n+\frac{1}{a_n}(n=1,2,\cdots)$. 求证: $a_n>\sqrt{2n+1}$ 对一切正整数 n 成立.

4. 已知函数 $f(x)=ax-\frac{3}{2}x^2$ 的最大值不大于 $\frac{1}{6}$, 又当 $x\in[\frac{1}{4},\frac{1}{2}]$ 时 $f(x)\geqslant\frac{1}{8}$.

(1) 求 a 的值;

(2) 设 $0<a_1<\frac{1}{2}, a_{n+1}=f(a_n), n\in\mathbf{N}^*$, 求证: $a_n<\frac{1}{n+1}$.

5. 已知数列 $\{a_n\}$ 的前 n 项和 S_n 满足 $S_n=2a_n+(-1)^n, n\geqslant 1$.

(1) 求数列 $\{a_n\}$ 的通项公式;

(2) 求证: 对任意的整数 $m>4$, 有 $\frac{1}{a_4}+\frac{1}{a_5}+\cdots+\frac{1}{a_m}<\frac{7}{8}$.

第6章　巧用配凑求解不等式题

> 我不知道世上的人对我怎样评价.我却这样认为:我好像是在海上玩耍,时而发现了一个光滑的石子儿,时而发现一个美丽的贝壳而为之高兴的孩子.尽管如此,那真理的海洋还神秘地展现在我们面前.
>
> ——牛顿(英国)

【知识梳理】

基本不等式在不等式的证明,求最大值、最小值的一些问题上给我们带来了很大的便利,但有时想用基本不等式,却感到力不从心.这需要一点技巧,就是要把相关的系数做适当的配凑.

【例题分析】

例1　已知 $x<\frac{5}{4}$,求函数 $y=4x-2+\frac{1}{4x-5}$ 的最大值.

解　因为 $x<\frac{5}{4}$,所以 $4x-5<0$.

这可以先调整式子的符号,但$(4x-2)\frac{1}{4x-5}$不是常数,所以必须对 $4x-2$ 进行拆分.

$$y=4x-2+\frac{1}{4x-5}=-(5-4x+\frac{1}{5-4x})+3\leqslant -2+3=1$$

当且仅当 $5-4x=\frac{1}{5-4x}$,即 $x=1$ 时取等号.

故当 $x=1$ 时,$y_{\max}=1$.

评注　本题配凑很明显.但是有些题目的配凑并不是这么显然.我们应

该如何去配凑,又有何规律可循呢?请看下面的例 2.

例 2 设 x,y,z,w 是不全为零的实数,求$\frac{xy+2yz+zw}{x^2+y^2+z^2+w^2}$的最大值.

解 显然我们只需考虑 $x\geqslant 0,y\geqslant 0,z\geqslant 0,w\geqslant 0$ 的情形,但直接使用基本不等式是不行的,我们假设可以找到相应的正参数 α,β 满足:

$$\begin{aligned}x^2+y^2+z^2+w^2&=(x^2+\alpha y^2)+(1-\alpha)y^2+\beta z^2+(1-\beta)z^2+w^2\\&\geqslant 2\sqrt{\alpha}xy+2\sqrt{(1-\alpha)\beta}yz+2\sqrt{(1-\beta)}zw\end{aligned}$$

故依据取等号的条件得

$$\frac{1}{2\sqrt{\alpha}}=\frac{2}{2\sqrt{(1-\alpha)\beta}}=\frac{1}{2\sqrt{1-\beta}}=t$$

参数 t 就是我们要求的最大值.

消去 α,β 我们得到一个方程 $4t^2-4t-1=0$,此方程的最大根为我们所求的最大值,得到 $t=\frac{\sqrt{2}+1}{2}$.

评注 从这个例子我们可以看出,这种配凑是有规律的,关键是我们建立了一个等式$\frac{1}{2\sqrt{\alpha}}=\frac{2}{2\sqrt{(1-\alpha)\beta}}=\frac{1}{2\sqrt{1-\beta}}$,这个等式建立的依据是等号成立的条件,目的就是为了取得最值.

例 3 设 x,y,z,w 是不全为零的实数,求$\frac{16x+9\sqrt{2xy}+9\sqrt[3]{3xyz}}{x+2y+z}$的最大值.

解 引入参数 α,β,γ 使其满足:

$$\begin{aligned}x+2y+z&=(1-\alpha-\beta)x+\alpha x+\gamma y+\beta x+(2-\gamma)y+z\\&\geqslant(1-\alpha-\beta)x+2\sqrt{\alpha\gamma xy}+3\sqrt[3]{\beta(2-\gamma)xyz}\end{aligned}$$

依据取等号条件,我们有

$$\frac{16}{1-\alpha-\beta}=\frac{9\sqrt{2}}{2\sqrt{\alpha\gamma}}=\frac{9\sqrt[3]{3}}{3\sqrt[3]{\beta(2-\gamma)xyz}}=t$$

消去参数 α,β,γ,我们得到一个方程

$$(t-18)(16t^5-224t^4-584t^3-1\,440t^2+1\,377t-1\,458)=0$$

解得 $t=18$,这就是我们所求的最大值.因此

$$\frac{16x+9\sqrt{2xy}+9\sqrt[3]{3xyz}}{x+2y+z}=\frac{16x+3\sqrt{x\cdot 18y}+\frac{3\sqrt[3]{x\cdot 18y\cdot 36z}}{2}}{x+2y+z}$$

$$\leqslant \frac{16x+\frac{3(x+18y)}{2}+\frac{x+18y+36z}{2}}{x+2y+z}=18$$

当且仅当 $x:y:z=1:18:36$ 取等号.

评注　有些题目配凑还是比较难的,需要运用运算技巧.

例 4　(1) 设 x,y 是正实数且满足 $x+y=1$,求$\frac{1}{x^2}+\frac{8}{y^2}$的最小值;

(2) 若 $x+2\sqrt{xy}\leqslant a(x+y)$ 对任意的正实数 x,y 恒成立,求 a 的最小值.

解　(1) 考虑到 $x+y=1$,为了使用基本不等式,我们引进参数 k:$k=k(x+y)$,则

$$\begin{aligned}\frac{1}{x^2}+\frac{8}{y^2}+k&=\frac{1}{x^2}+\frac{8}{y^2}+k(x+y)\\&=\frac{1}{x^2}+\frac{kx}{2}+\frac{kx}{2}+\frac{8}{y^2}+\frac{ky}{2}+\frac{ky}{2}\\&\geqslant 9\sqrt[3]{\frac{k^2}{4}}\end{aligned}$$

由取等号的条件

$$\begin{cases}\frac{1}{x^2}=\frac{kx}{2}\\\frac{8}{y^2}=\frac{ky}{2}\\x+y=1\end{cases}\Rightarrow\sqrt[3]{\frac{2}{k}}=\frac{1}{3}\Rightarrow k=54$$

所以

$$\frac{1}{x^2}+\frac{8}{y^2}\geqslant 9\sqrt[3]{\frac{k^2}{4}}-k=27$$

(2)$x+2\sqrt{xy}\leqslant a(x+y)$ 对任意的正实数 x,y 恒成立,所以$\frac{x+2\sqrt{xy}}{x+y}\leqslant a$ 对任意的正实数 x,y 恒成立.

设 $x+y=(1-k)x+kx+y\geqslant(1-k)x+2\sqrt{kxy}$,由取等号条件$\frac{1}{1-k}=\frac{2}{\sqrt{k}}=t$ 消去k,可以得到 $t^2-t-1=0$,解得 $t=\frac{\sqrt{5}+1}{2}$.

因此 a 的最小值为$\frac{\sqrt{5}+1}{2}$.

评注 配凑时一定要注意取等号时是否成立，需要你的仔细观察.

例5 若$a\geqslant-\frac{1}{2}$，$b\geqslant-\frac{1}{2}$且$a+b=1$，求证：$\sqrt{2a+1}+\sqrt{2b+1}\leqslant2\sqrt{2}$.

证明 设

$$\begin{cases}\sqrt{2a+1}=m\sqrt{\dfrac{2a+1}{m^2}}\leqslant\dfrac{m^2+\dfrac{2a+1}{m^2}}{2}\\ \sqrt{2b+1}=m\sqrt{\dfrac{2b+1}{m^2}}\leqslant\dfrac{m^2+\dfrac{2b+1}{m^2}}{2}\end{cases}$$

$$\Rightarrow\sqrt{2a+1}+\sqrt{2b+1}\leqslant\frac{m^2+\dfrac{2a+1}{m^2}}{2}+\frac{m^2+\dfrac{2b+1}{m^2}}{2}=m^2+\frac{2}{m^2}$$

考虑到取等号的条件，有

$$\begin{cases}m^2=\dfrac{2a+1}{m^2}\\ m^2=\dfrac{2b+1}{m^2}\\ a+b=1\end{cases}\Rightarrow a=b=\frac{1}{2},m^2=\sqrt{2}$$

所以

$$\sqrt{2a+1}+\sqrt{2b+1}\leqslant m^2+\frac{2}{m^2}=2\sqrt{2}$$

评注 本例使用柯西不等式解答很简单，但我们还是运用了基本不等式，也是不错的. 基本不等式是一个非常有用的结论，从上面的例子中我们可以看出，适当的配凑可以解决很多看似无法使用基本不等式解决的一些问题. 同学们在学习基本不等式时要细心体会，才能达到灵活应用的目的.

【课外训练】

1. 求函数$y=x^2+x+\frac{1}{2x}(x>0)$的最小值.

2. 问$\theta(0\leqslant\theta\leqslant\frac{\pi}{2})$取何值时，$y=\cos^2\theta\sin\theta$取最大值.

3. 设x,y,z是正实数，求$\frac{10x^2+10y^2+z^2}{xy+yz+zx}$的最小值.

4.设 x,y,z 是正实数且满足 $x+y+z=3$,求 $x^2+y^2+z^3$ 的最小值.

5.有一边长为 $a,b(a\geqslant b)$ 的长方形纸板,在四个角各裁出一个大小相同的正方形,把四边折起做成一个无盖的盒子,要使盒子的容积最大,问裁去的正方形的边长应为多少?

第 7 章　绝对值不等式的证明和运用

对搞科学的人来说，勤奋就是成功之母.　　——茅以升（中国）

【知识梳理】

1. 解绝对值不等式的关键是去掉绝对值符号，其方法主要有：利用绝对值的几何意义即距离，利用公式、平方、分区间讨论等.

2. 零点分段法解绝对值不等式的步骤：

(1) 求零点；(2) 划分区间，去绝对值符号；(3) 分别解去掉绝对值的不等式；(4) 求解的并集，分段时注意不遗漏端点值.

3. 证明含绝对值的不等式，其思路有两种：

(1) 恰当运用 $|a|-|b|\leqslant|a\pm b|\leqslant|a|+|b|$，$|x-a|+|x-b|\geqslant|a-b|$，$-|a-b|\leqslant|x-a|-|x-b|\leqslant|a-b|$ 进行放缩，并注意不等号的传递性及等号成立的条件.

(2) 把含有绝对值的不等式等价转化为不含绝对值的不等式，再利用比较法、综合法及分析法进行证明.

【例题分析】

例 1　已知二次函数 $f(x)=x^2+ax+b(a,b\in\mathbf{R})$ 的定义域为 $[-1,1]$，且 $|f(x)|$ 的最大值为 M.

(1) 求证：$|1+b|\leqslant M$；

(2) 求证：$|M|\geqslant\dfrac{1}{2}$.

证明　(1) 因为

$$M\geqslant|f(-1)|=|1-a+b|,M\geqslant|f(1)|=|1+a+b|$$

两式相加得

$$2M \geqslant |1-a+b|+|1+a+b| \geqslant |1-a+b+1+a+b|=2|1+b|$$

所以

$$|1+b| \leqslant M$$

(2) 依题意,$M \geqslant |f(-1)|$,$M \geqslant |f(0)|$,$M \geqslant |f(1)|$,$|f(-1)|=|1-a+b|$,$|f(1)|=|1+a+b|$,$|f(0)|=|b|$.

所以

$$\begin{aligned} 4M &\geqslant |f(-1)|+2|f(0)|+|f(1)| \\ &=|1-a+b|+2|b|+|1+a+b| \\ &\geqslant |1-a+b-2b+1+a+b|=2 \end{aligned}$$

所以

$$|M| \geqslant \frac{1}{2}$$

评注　运用 $f(1)$,$f(-1)$ 的函数值和绝对值不等式是解决本例的关键.

例 2　(1) 用 $\max\{a,b\}$ 表示 a,b 两个数中的较大值.

设 $f(x)=\max\{|x+1|,|x-2|\}$ $(x \in \mathbf{R})$,求 $f(x)$ 的最小值.

(2) 用 $\max\{a,b,c\}$ 表示 a,b,c 三个数中的最大值.

设 $f(x,y)=\max\left\{\left|\dfrac{x-y}{x+2y+3}\right|,\left|\dfrac{x+2}{x+2y+3}\right|,\left|\dfrac{5y+4}{x+2y+3}\right|\right\}$ $(x,y \in \mathbf{R})$,求 $f(x,y)$ 的最小值.

解　(1) 画出图像,当 $x=\dfrac{1}{2}$ 时,$f_{\max}(x)=\dfrac{3}{2}$.

(2) 由 $f(x,y) \geqslant \left|\dfrac{x-y}{x+2y+3}\right|$,$f(x,y) \geqslant \left|\dfrac{x+2}{x+2y+3}\right|$,$f(x,y) \geqslant \left|\dfrac{5y+4}{x+2y+3}\right|$,所以

$$\begin{aligned} 3f(x,y) &\geqslant \left|\frac{x-y}{x+2y+3}\right|+\left|\frac{x+2}{x+2y+3}\right|+\left|\frac{5y+4}{x+2y+3}\right| \\ &\geqslant \left|\frac{x-y}{x+2y+3}+\frac{x+2}{x+2y+3}+\frac{5y+4}{x+2y+3}\right| \\ &=\left|\frac{x-y+x+2+5y+4}{x+2y+3}\right|=2 \end{aligned}$$

所以 $f(x,y) \geqslant \dfrac{2}{3}$.

当且仅当 $\left|\frac{x-y}{x+2y+3}\right|=\left|\frac{x+2}{x+2y+3}\right|=\left|\frac{5y+4}{x+2y+3}\right|$，即 $x=-8$，$y=-2$ 时取得等号.

评注 运用图像和不等式放缩是解决这类离散类不等式的常用方法.

例 3 设 $f(x)=ax^2+bx+c$，当 $|x|\leqslant 1$ 时，总有 $|f(x)|\leqslant 1$，求证：$|f(2)|\leqslant 8$.

证法一 当 $|x|\leqslant 1$ 时，$|f(x)|\leqslant 1$，所以 $|f(0)|\leqslant 1$，即 $|c|\leqslant 1$.

又 $|f(1)|\leqslant 1$，$|f(-1)|\leqslant 1$，所以 $|a+b+c|\leqslant 1$，$|a-b+c|\leqslant 1$.

又因为

$$\begin{aligned}&|a+b+c|+|a-b+c|+2|c|\\ \geqslant &|a+b+c+a-b+c-2c|=|2a|\end{aligned}$$

且

$$|a+b+c|+|a-b+c|+2|c|\leqslant 4$$

所以

$$|a|\leqslant 2$$

因为

$$|2b|=|a+b+c-(a-b+c)|\leqslant |a+b+c|+|a-b+c|\leqslant 2$$

所以

$$|b|\leqslant 1$$

所以

$$\begin{aligned}|f(2)|&=|4a+2b+c|=|f(1)+3a+b|\\ &\leqslant |f(1)|+3|a|+|b|=1+6+1=8\end{aligned}$$

即

$$|f(2)|\leqslant 8$$

证法二 当 $|x|\leqslant 1$ 时，$|f(x)|\leqslant 1$，所以

$$|f(0)|\leqslant 1,|f(1)|\leqslant 1,|f(-1)|\leqslant 1$$

由

$$f(1)=a+b+c,f(-1)=a-b+c,f(0)=c$$

得

$$a=\frac{f(1)+f(-1)-2f(0)}{2},b=\frac{f(1)-f(-1)}{2},c=f(0)$$

所以

$$
\begin{aligned}
|f(2)| &= |4a+2b+c| = |f(1)+3a+b| \\
&\leqslant |2f(1)+2f(-1)-4f(0)+f(1)-f(-1)+f(0)| \\
&= |3f(1)+f(-1)-3f(0)| \\
&\leqslant 3|f(1)|+|f(-1)|+3|f(0)| \leqslant 7 < 8
\end{aligned}
$$

评注　本题所证的两种方法，是解决这类问题的常用方法，特别是证法二的思维方法值得关注.

例 4　已知：$k>10$，k 为正整数，求证：可以在下式

$$f(x)=\cos x\cos 2x\cos 3x\cdots\cos 2^k x$$

中，将一个 cos 换为 sin，使得所得到的 $f_1(x)$，对一切实数 x，有 $|f_1(x)|\leqslant \frac{3}{2^{k+1}}$.

证明　由于

$$|\sin 3x|=|3\sin x-4\sin^3 x|=|3-4\sin^2 x||\sin x|\leqslant 3|\sin x|$$

所以，只要在 $f(x)$ 中将 $\cos 3x$ 换为 $\sin 3x$，那么所得到的 $f_1(x)$ 就可满足

$$
\begin{aligned}
|f_1(x)| &\leqslant 3|\sin x||\cos x||\cos 2x||\cos 4x|\cdots|\cos 2^k x| \\
&= 3|\sin x\cos x\cos 2x\cos 4x\cdots\cos 2^k x| \\
&= 3\cdot 2^{-k-1}|\sin 2^{k+1}x| \leqslant \frac{3}{2^{k+1}}
\end{aligned}
$$

评注　三角不等式的证明，一定要注意整体放缩. 平时还应注意三倍角公式的记忆.

例 5　设 $f(x)$ 是定义在非负实数上的函数，$f(0)=0$，且对任意 $x\geqslant y\geqslant 0$，有

$$|f(x)-f(y)|\leqslant (x-y)f(x)$$

求 $f(x)$ 的表达式.

解　我们用数学归纳法证明：对任意正整数 n，当 $\frac{n-1}{2}\leqslant x<\frac{n}{2}$，有 $f(x)=0$.

当 $n=1$ 时，在条件式中取 $0\leqslant x<\frac{1}{2}$，$y=0$，得

$$|f(x)|\leqslant xf(x)\leqslant x|f(x)|\leqslant \frac{1}{2}|f(x)|$$

故 $|f(x)|=0$，即 $f(x)=0$ 在 $\left[0,\frac{1}{2}\right)$ 上成立.

设 $n=k$ 时命题成立，则当 $n=k+1$ 时，取 x,y 使

$$\frac{k}{2}\leqslant x<\frac{k+1}{2},y=x-\frac{1}{2}$$

此时 $\frac{k-1}{2}\leqslant y<\frac{k}{2}$，由归纳假设知 $f(y)=0$，代入已知条件得 $|f(x)|\leqslant\frac{1}{2}f(x)$，类似前面的讨论可知 $f(x)=0$，故 $n=k+1$ 时命题成立.

注意到当 n 取遍所有正整数时，$x\in\left[\frac{n-1}{2},\frac{n}{2}\right)$ 取遍一切非负实数，从而由数学归纳法得 $f(x)\equiv 0$.

评注　这是在实数情形下使用数学归纳法的一个例子，可以看作数学归纳法的一种变通：与证明关于正整数的命题不同，由于正实数集是“不可列”的，因此我们势必对无穷多个起点进行验证.本题的处理方式是将 $[0,+\infty)$ 拆成 n 取遍所有正整数时无数个区间 $\left[\frac{n-1}{2},\frac{n}{2}\right)$ 的并集，通过对初始区间的讨论统一完成无穷个起点的验证过程，再设置“步长”为 $\frac{1}{2}$ 进行证明.

【课外训练】

1.设 a,b,c 为常数，且 $a<b<c$，求 $y=|x-a|+|x-b|+|x-c|$ 的最小值.

2.设函数 $f(x)=|2x+1|-|x-4|$.

(1) 解不等式 $f(x)>2$；

(2) 求函数 $y=f(x)$ 的最小值.

3. 若 $7\leqslant p\leqslant 8$，求函数 $y=|x+15-p|+|x+2p-5|+|x+3p-17|$ 的最小值，并求出该函数最小值对应的 p,x 的值.

4.讨论关于 x 的方程 $|x+1|+|x+2|+|x+3|=a$ 的根的个数.

5.设 $a_1,a_2,\cdots,a_n$ 为等差数列，且 $|a_1|+|a_2|+\cdots+|a_n|=|a_1+1|+|a_2+1|+\cdots+|a_n+1|=|a_1-2|+|a_2-2|+\cdots+|a_n-2|=507$，求项数 n 的最大值.

第8章　运用柯西不等式证题

一旦科学插上幻想的翅膀，它就能赢得胜利. ——法拉第（英国）

【知识要点】

柯西不等式：设 $x_1,x_2,x_3;y_1,y_2,y_3$ 为两组实数，则

$$(x_1^2+x_2^2+x_3^2)(y_1^2+y_2^2+y_3^2)\geqslant(x_1y_1+x_2y_2+x_3y_3)^2$$

当且仅当 $\frac{x_1}{y_1}=\frac{x_2}{y_2}=\frac{x_3}{y_3}$ 时等号成立.

（这里我们约定 $x_i\neq 0(i=1,2,3)$）

重要推论：设 a,b,c 为正实数，则有

$$(a+b+c)\left(\frac{1}{a}+\frac{1}{b}+\frac{1}{c}\right)\geqslant 9$$

或

$$\frac{1}{a}+\frac{1}{b}+\frac{1}{c}\geqslant\frac{9}{a+b+c}$$

重要变式：设 $x_1,x_2,x_3\in\mathbf{R};y_1,y_2,y_3\in\mathbf{R}_+$，则

$$\frac{x_1^2}{y_1}+\frac{x_2^2}{y_2}+\frac{x_3^2}{y_3}\geqslant\frac{(x_1+x_2+x_3)^2}{y_1+y_2+y_3}$$

当且仅当 $\frac{x_1}{y_1}=\frac{x_2}{y_2}=\frac{x_3}{y_3}$ 时，等号成立.

【例题讲解】

例1　(1) 若 $x_1,x_2,x_3\in\mathbf{R},y_1,y_2,y_3\in\mathbf{R}_+$，求证：$\frac{x_1^2}{y_1}+\frac{x_2^2}{y_2}+\frac{x_3^2}{y_3}\geqslant$

$\dfrac{(x_1+x_2+x_3)^2}{y_1+y_2+y_3}$，当且仅当$\dfrac{x_1}{y_1}=\dfrac{x_2}{y_2}=\dfrac{x_3}{y_3}$时等号成立.

(2) 已知 $x,y,z\in\mathbf{R}_+$，且 $xyz=1$，求$\dfrac{x^2}{y+z}+\dfrac{y^2}{x+z}+\dfrac{z^2}{x+y}$的最小值.

证明 (1) 因为 $x_1,x_2,x_3\in\mathbf{R}$，$y_1,y_2,y_3\in\mathbf{R}_+$，所以

$$(y_1+y_2+y_3)\left(\frac{x_1^2}{y_1}+\frac{x_2^2}{y_2}+\frac{x_3^2}{y_3}\right)\geqslant(|x_1|+|x_2|+|x_3|)^2$$
$$\geqslant(x_1+x_2+x_3)^2$$

所以

$$\frac{x_1^2}{y_1}+\frac{x_2^2}{y_2}+\frac{x_3^2}{y_3}\geqslant\frac{(x_1+x_2+x_3)^2}{y_1+y_2+y_3}$$

当且仅当$\dfrac{x_1^2}{y_1}:y_1=\dfrac{x_2^2}{y_2}:y_2=\dfrac{x_3^2}{y_3}:y_3$，且 x_1,x_2,x_3 除 0 外均同号，即$\dfrac{x_1}{y_1}=\dfrac{x_2}{y_2}=\dfrac{x_3}{y_3}$时等号成立.

(2) 由(1) 知

$$\frac{x^2}{y+z}+\frac{y^2}{x+z}+\frac{z^2}{x+y}\geqslant\frac{(x+y+z)^2}{(y+z)+(z+x)+(x+y)}$$
$$=\frac{x+y+z}{2}\geqslant\frac{3\sqrt[3]{xyz}}{2}=\frac{3}{2}$$

当且仅当 $x=y=z=1$ 时等号成立.

所以，$\dfrac{x^2}{y+z}+\dfrac{y^2}{x+z}+\dfrac{z^2}{x+y}$的最小值为$\dfrac{3}{2}$.

评注 第(1) 小题是柯西不等式的一个重要变式，第(2) 小题是第(1) 小题的应用.

例 2 已知 $a,b,c\in\mathbf{R}_+$，$a+b+c=1$.

(1) 求 $(a+1)^2+4b^2+9c^2$ 的最小值；

(2) 求证：$\dfrac{1}{\sqrt{a}+\sqrt{b}}+\dfrac{1}{\sqrt{b}+\sqrt{c}}+\dfrac{1}{\sqrt{c}+\sqrt{a}}\geqslant\dfrac{3\sqrt{3}}{2}$.

解 (1) 因为 $a,b,c\in\mathbf{R}_+$，$a+b+c=1$，所以

$$\left(1+\frac{1}{4}+\frac{1}{9}\right)[(a+1)^2+4b^2+9c^2]\geqslant\left[(a+1)+\frac{1}{2}\cdot 2b+\frac{1}{3}\cdot 3c\right]^2=4$$

得

$$(a+1)^2+4b^2+9c^2\geqslant\frac{144}{49}$$

当且仅当 $a+1=4b=9c$，即 $a=\frac{23}{49},b=\frac{18}{49},c=\frac{8}{49}$ 时，$(a+1)^2+4b^2+9c^2$ 有最小值为 $\frac{144}{49}$.

(2) 因为

$$(a+b+c)(1^2+1^2+1^2)\geqslant(\sqrt{a}+\sqrt{b}+\sqrt{c})^2$$

所以 $\sqrt{a}+\sqrt{b}+\sqrt{c}\leqslant\sqrt{3}$，当且仅当 $a=b=c=1$ 取等号.

又

$$\left(\frac{1}{\sqrt{a}+\sqrt{b}}+\frac{1}{\sqrt{b}+\sqrt{c}}+\frac{1}{\sqrt{c}+\sqrt{a}}\right)[(\sqrt{a}+\sqrt{b})+(\sqrt{b}+\sqrt{c})+(\sqrt{c}+\sqrt{a})]\geqslant 9$$

于是

$$\frac{1}{\sqrt{a}+\sqrt{b}}+\frac{1}{\sqrt{b}+\sqrt{c}}+\frac{1}{\sqrt{c}+\sqrt{a}}\geqslant\frac{9}{2(\sqrt{a}+\sqrt{b}+\sqrt{c})}\geqslant\frac{3\sqrt{3}}{2}$$

评注　当三个分母之和不能直接使用条件，观察条件与三个分母之和之间的关系，有时使用两次柯西不等式可以解决问题.

例 3　(1) 已知 x,y,z 是正数，且 $\frac{1}{x}+\frac{2}{y}=1$，求 $\frac{1}{x^2+x}+\frac{2}{2y^2+y}$ 的最小值；

(2) 若 $0<x,y,z<1$，且 $xy+yz+zx=1$，求证：$\frac{y}{2-\sqrt{3}x}+\frac{z}{2-\sqrt{3}y}+\frac{x}{2-\sqrt{3}z}\geqslant\sqrt{3}$.

解　(1) $\frac{1}{x^2+x}+\frac{2}{2y^2+y}=\frac{\frac{1}{x^2}}{1+\frac{1}{x}}+\frac{\frac{4}{y^2}}{4+\frac{2}{y}}$

$$=\left(\frac{\frac{1}{x}}{\sqrt{1+\frac{1}{x}}}\right)^2+\left(\frac{\frac{2}{y}}{\sqrt{4+\frac{2}{y}}}\right)^2$$

$$=\frac{1}{6}\left[\left(\sqrt{1+\frac{1}{x}}\right)^2+\left(\sqrt{4+\frac{2}{y}}\right)^2\right]\left[\left(\frac{\frac{1}{x}}{\sqrt{1+\frac{1}{x}}}\right)^2+\left(\frac{\frac{2}{y}}{\sqrt{4+\frac{2}{y}}}\right)^2\right]$$

$$\geqslant \frac{1}{6}\left[\sqrt{1+\frac{1}{x}}\cdot\left(\frac{\frac{1}{x}}{\sqrt{1+\frac{1}{x}}}\right)+\sqrt{4+\frac{2}{y}}\cdot\left(\frac{\frac{2}{y}}{\sqrt{4+\frac{2}{y}}}\right)\right]^2=\frac{1}{6}$$

当且仅当$\dfrac{\sqrt{1+\frac{1}{x}}}{\dfrac{\frac{1}{x}}{\sqrt{1+\frac{1}{x}}}}=\dfrac{\sqrt{4+\frac{2}{y}}}{\dfrac{\frac{2}{y}}{\sqrt{4+\frac{2}{y}}}}$时，即 $x=2y$ 时，取得等号，又$\dfrac{1}{x}+\dfrac{2}{y}=1$，

所以当 $x=5,y=\dfrac{5}{2}$ 时，$\dfrac{1}{x^2+x}+\dfrac{2}{2y^2+y}$ 取得最小值$\dfrac{1}{6}$.

(2)
$$\frac{y}{2-\sqrt{3}x}+\frac{z}{2-\sqrt{3}y}+\frac{x}{2-\sqrt{3}z}=\frac{y^2}{2y-\sqrt{3}xy}+\frac{z^2}{2z-\sqrt{3}yz}+\frac{x^2}{2x-\sqrt{3}zx}$$
$$\geqslant\frac{(x+y+z)^2}{2(x+y+z)-\sqrt{3}}$$

$$(x+y+z)^2=x^2+y^2+z^2+2xy+2yz+2zx$$
$$\geqslant 3(xy+yz+zx)=3$$

所以

$$\sqrt{3}\leqslant x+y+z<3$$

令 $t=2(x+y+z)-\sqrt{3}\geqslant\sqrt{3}$，则

$$\frac{y}{2-\sqrt{3}x}+\frac{z}{2-\sqrt{3}y}+\frac{x}{2-\sqrt{3}z}\geqslant\frac{\left(\frac{t+\sqrt{3}}{2}\right)^2}{t}=\frac{1}{4}\left(t+\frac{3}{t}+2\sqrt{3}\right)\geqslant\sqrt{3}$$

例 4 已知 $x,y,z\in\mathbf{R}_+$，且 $x+y+z=1$.

(1) 若$\sqrt{x+1}+\sqrt{y+1}+\sqrt{z+1}=2\sqrt{3}$，求 x,y,z 的值；

(2) 求证：$\dfrac{x}{1+x}+\dfrac{y}{1+y}+\dfrac{z}{1+z}\leqslant\dfrac{3}{4}$.

解 (1) 因为

$$(x+1+y+1+z+1)(1^2+1^2+1^2)$$
$$\geqslant(\sqrt{x+1}+\sqrt{y+1}+\sqrt{z+1})^2$$

所以

$$4\times3\geqslant(\sqrt{x+1}+\sqrt{y+1}+\sqrt{z+1})^2$$

所以

$$\sqrt{x+1}+\sqrt{y+1}+\sqrt{z+1}\leqslant2\sqrt{3}$$

当且仅当$\frac{x+1}{1}=\frac{y+1}{1}=\frac{z+1}{1}$,即 $x=y=z=\frac{1}{3}$ 时,上式取到等号.

由已知$\sqrt{x+1}+\sqrt{y+1}+\sqrt{z+1}=2\sqrt{3}$,所以 $x=y=z=\frac{1}{3}$.

(2) 因为

$$\frac{x}{1+x}+\frac{y}{1+y}+\frac{z}{1+z}=3-\frac{1}{1+x}-\frac{1}{1+y}-\frac{1}{1+z}$$

又由

$$\left(\frac{1}{1+x}+\frac{1}{1+y}+\frac{1}{1+z}\right)(x+1+y+1+z+1)\geqslant(1+1+1)^2$$

即

$$\frac{1}{1+x}+\frac{1}{1+y}+\frac{1}{1+z}\geqslant\frac{9}{4}$$

所以

$$\frac{x}{1+x}+\frac{y}{1+y}+\frac{z}{1+z}=3-\frac{1}{1+x}-\frac{1}{1+y}-\frac{1}{1+z}\leqslant3-\frac{9}{4}=\frac{3}{4}$$

所以

$$\frac{x}{1+x}+\frac{y}{1+y}+\frac{z}{1+z}\leqslant\frac{3}{4}$$

评注　当三个分子之和无法直接套用条件时,采用分离系数,将分子变成常数,是解决问题的一种常见方法.

例 5　(1) 设正数 x,y,z 满足 $3x+4y+5z=1$,求$\frac{1}{x+y}+\frac{1}{y+z}+\frac{1}{z+x}$的最小值;

(2) 已知 a,b,c 为正实数,且 $a+b+c=3$,求证:

$$\frac{(a-c)^2}{a}+\frac{(b-a)^2}{b}+\frac{(c-b)^2}{c}\geqslant\frac{4}{3}(a-c)^2$$

并求等号成立时 a,b,c 的值.

解　(1) 设 $x+y=a,y+z=b,z+x=c$,则 $x=\frac{a+c-b}{2},y=\frac{a+b-c}{2}$,$z=\frac{b+c-a}{2}$,代入 $3x+4y+5z=1$ 得 $a+3b+2c=1$,由柯西不等式得

$$\frac{1}{x+y}+\frac{1}{y+z}+\frac{1}{z+x}=\left(\frac{1}{a}+\frac{1}{b}+\frac{1}{c}\right)(a+3b+2c)$$
$$\geqslant(1+\sqrt{3}+\sqrt{2})^2$$

当且仅当 $a=\sqrt{3}b=\sqrt{2}c$ 时等号成立.

所以$\frac{1}{x+y}+\frac{1}{y+z}+\frac{1}{z+x}$的最小值为$(1+\sqrt{2}+\sqrt{3})^2$.

(2) **证法一** 由柯西不等式得

$$\frac{(a-c)^2}{a}+\frac{(b-a)^2}{b}+\frac{(c-b)^2}{c}\geqslant\frac{(|a-c|+|b-a|+|c-b|)^2}{a+b+c}$$
$$\geqslant\frac{(|a-c|+|b-a+c-b|)^2}{a+b+c}$$
$$=\frac{4}{3}(a-c)^2$$

当且仅当$\frac{|a-c|}{a}=\frac{|a-b|}{b}=\frac{|b-c|}{c}$,且$(b-a)(c-b)\geqslant 0$时,取到等号,所以

$$\frac{a-c}{a}=\frac{a-b}{b}=\frac{b-c}{c}$$

或

$$\frac{c-a}{a}=\frac{a-b}{b}=\frac{b-c}{c}$$

若$\frac{a-c}{a}=\frac{a-b}{b}=\frac{b-c}{c}=k$,即

$$c=(1-k)a,a=(1+k)b,b=(1+k)c$$

所以

$$a+b+c=3=(1+k)(b+c)+(1-k)a$$
$$=(1+k)(3-a)+(1-k)a$$

所以 $2ka=3k$,所以 $k=0$ 或 $a=\frac{3}{2}$.

当 $k=0$ 时,$a=b=c=1$.

当 $a=\frac{3}{2}$ 时,$k=\frac{\sqrt{5}-1}{2}$,从而 $a=\frac{3}{2}$,$b=\frac{3\sqrt{5}-3}{4}$,$c=\frac{9-3\sqrt{5}}{4}$.

若$\frac{c-a}{a}=\frac{a-b}{b}=\frac{b-c}{c}=t$,则 $c=(1+t)a$,$a=(1+t)b$,$b=(1+t)c$,所以 $c=(1+t)^3c$.

因为 $c>0$,所以 $(1+t)^3=1$,所以 $t=0$,所以 $a=b=c=1$.

所以当 $a=\frac{3}{2},b=\frac{3\sqrt{5}-3}{4},c=\frac{9-3\sqrt{5}}{4}$ 或 $a=b=c=1$ 时取得等号.

证法二

$$\frac{(a-b)^2}{b}+\frac{(b-c)^2}{c}+\frac{(a-c)^2}{a}-\frac{4}{3}(a-c)^2$$

$$=(a-c)^2\left(\frac{1}{a}-\frac{4}{3}\right)+\frac{(a-b)^2}{b}+\frac{(b-c)^2}{c}$$

$$\geqslant(a-c)^2\left(\frac{1}{a}-\frac{4}{3}\right)+\frac{[(a-b)+(b-c)]^2}{b+c}$$

$$=(a-c)^2(\frac{1}{a}+\frac{1}{b+c}-\frac{4}{3})$$

因为

$$\left(\frac{1}{a}+\frac{1}{b+c}\right)(a+b+c)\geqslant 4$$

所以

$$\frac{1}{a}+\frac{1}{b+c}\geqslant\frac{4}{a+b+c}=\frac{4}{3}$$

所以

$$\frac{(a-c)^2}{a}+\frac{(b-a)^2}{b}+\frac{(c-b)^2}{c}\geqslant\frac{4}{3}(a-c)^2$$

当 $\frac{b-a}{b}=\frac{c-b}{c}$,即 $ac=b^2$,且当 $(a-c)^2\left(\frac{1}{a}+\frac{1}{b+c}-\frac{4}{3}\right)=0$ 时,即 $a=b+c$ 或 $a=c$ 时取得等号.

所以当 $a=\frac{3}{2},b=\frac{3\sqrt{5}-3}{4},c=\frac{9-3\sqrt{5}}{4}$ 或 $a=b=c=1$ 时取得等号.

评注　换元有时可以将分母简化,从而达到简便的效果.

【课后训练】

1. 已知正数 x,y,z 满足 $5x+4y+3z=10$.

(1) 求证:$\frac{25x^2}{4y+3z}+\frac{16y^2}{3z+5x}+\frac{9z^2}{5x+4y}\geqslant 5$;

(2) 求 $9^{x^2}+9^{y^2+z^2}$ 的最小值.

2. 若正数 a,b,c 满足 $a+b+c=1$.

(1) 求证：$\frac{1}{3} \leqslant a^2 + b^2 + c^2 < 1$；

(2) 求$\frac{1}{2a+1} + \frac{1}{2b+1} + \frac{1}{2c+1}$的最小值.

3.已知大于1的正数 x, y, z 满足 $x + y + z = 3\sqrt{3}$.

(1) 求证：$\frac{x^2}{x+2y+3z} + \frac{y^2}{y+2z+3x} + \frac{z^2}{z+2x+3y} \geqslant \frac{\sqrt{3}}{2}$；

(2) 求$\frac{1}{\log_3 x + \log_3 y} + \frac{1}{\log_3 y + \log_3 z} + \frac{1}{\log_3 z + \log_3 x}$的最小值.

4.已知正数 x, y, z 满足 $x + y + z = xyz$.

(1) 求证：

$$\frac{1}{x+y} + \frac{1}{y+z} + \frac{1}{z+x} \leqslant \frac{1}{2}\left(\sqrt{\frac{z}{x+y+z}} + \sqrt{\frac{x}{x+y+z}} + \sqrt{\frac{y}{x+y+z}}\right)$$

(2) 若不等式$\frac{1}{x+y} + \frac{1}{y+z} + \frac{1}{z+x} \leqslant \lambda$ 恒成立，求 λ 的范围.

第9章　利用柯西不等式成立的条件解题

"难"也是如此，面对悬崖峭壁，一百年也看不出一条缝来，但用斧凿，能进一寸进一寸，得进一尺进一尺，不断积累，飞跃必来，突破随之.

——华罗庚(中国)

【知识梳理】

柯西不等式：设 $x_1,x_2,x_3;y_1,y_2,y_3$ 为两组实数，则

$$(x_1^2+x_2^2+x_3^2)(y_1^2+y_2^2+y_3^2)\geqslant(x_1y_1+x_2y_2+x_3y_3)^2$$

当且仅当 $\frac{x_1}{y_1}=\frac{x_2}{y_2}=\frac{x_3}{y_3}$ 时等号成立.

柯西不等式成立的条件有时成为解题的关键.

【例题讲解】

例1　解方程组 $\begin{cases}2x+3y+z=13\\4x^2+9y^2+z^2-2x+15y+3z=82\end{cases}$.

解法一　$\begin{cases}2x+3y+z=13\\4x^2+9y^2+z^2-2x+15y+3z=82\end{cases}$

$$\Leftrightarrow\begin{cases}2x+(3y+3)+(z+2)=18\\4x^2+(3y+3)^2+(z+2)^2=108\end{cases}$$

由柯西不等式知

$$[4x^2+(3y+3)^2+(z+2)^2](1+1+1)\geqslant(2x+3y+3+z+2)^2$$

所以

$$4x^2+(3y+3)^2+(z+2)^2\geqslant108$$

当且仅当 $2x=3y+3=z+2=6$，即 $x=3,y=1,z=4$ 时等号成立.

解法二 两式相加，配方得

$$(2x)^2+(3y+3)^2+(z+2)^2=108$$

设$\begin{cases}2x=a\\3y+3=b\\z+2=c\end{cases}$，原方程组变为$\begin{cases}a+b+c=18\\a^2+b^2+c^2=108\end{cases}$.

问题转化为求圆 $a^2+b^2=108-c^2$ 与直线 $a+b=18-c$ 有交点时 c 的值.

由 $\dfrac{|18-c|}{\sqrt{2}}\leqslant\sqrt{108-c^2}\Rightarrow(c-6)^2\leqslant 0$，即 $c=6$.

同理有 $a=b=c=6$，即 $x=3,y=1,z=4$.

点评 解法二采用了数形结合的办法，将代数问题和圆与直线交点问题结合起来.这样的方法是解决三元二次方程组的常见方法.

例 2 设 $x,y,z\in\mathbf{R}$，且$\begin{cases}x+y+z=5\\xy+yz+zx=3\end{cases}$，求证：$-1\leqslant x,y,z\leqslant\dfrac{13}{3}$.

证法一 由$\begin{cases}x+y+z=5\\xy+yz+zx=3\end{cases}\Rightarrow\begin{cases}x+y+z=5\\x^2+y^2+z^2=19\end{cases}$

$$\Rightarrow\begin{cases}x+y=5-z\\x^2+y^2=19-z^2\end{cases}$$

由柯西不等式知

$$(1+1)(x^2+y^2)\geqslant(x+y)^2$$

所以

$$2(19-z^2)\geqslant(5-z)^2\Rightarrow 3z^2-10z-13\leqslant 0\Rightarrow -1\leqslant z\leqslant\frac{13}{3}$$

同理 $-1\leqslant x,y,z\leqslant\dfrac{13}{3}$.

证法二 问题可转化为圆 $x^2+y^2=19-z^2$ 与直线 $x+y=5-z$ 有交点时 z 的取值范围，即

$$\frac{|5-z|}{\sqrt{2}}\leqslant\sqrt{19-z^2}\Rightarrow -1\leqslant z\leqslant\frac{13}{3}$$

评注 用柯西不等式解各类方程，常规步骤是先运用柯西不等式把方程(等式)化为不等式，然后结合原方程把不等式又化成等式，往往利用柯西不等式取等号的特性，得到与原方程同解的且比原方程简单的方程，从而求得原方程的解.

例 3　求使得 $x=\sqrt{x-\frac{1}{x}}+\sqrt{1-\frac{1}{x}}$ 成立的所有 x 的值.

解　$[1+(x-1)]\left[\left(x-\frac{1}{x}\right)+\frac{1}{x}\right]\geqslant\left(\sqrt{x-\frac{1}{x}}+\sqrt{1-\frac{1}{x}}\right)^2$

即

$$x\geqslant\sqrt{x-\frac{1}{x}}+\sqrt{1-\frac{1}{x}}$$

当且仅当 $\sqrt{x-\frac{1}{x}}=k$，$\sqrt{\frac{1}{x}}=k\sqrt{x-1}$，将之代入已知得 $k=1$，故

$$\sqrt{x-\frac{1}{x}}=1\Rightarrow x=\frac{1+\sqrt{5}}{2}$$

评注　巧用柯西不等式取等条件解决求方程的解.

例 4　解方程

$$\sqrt{x^2+\frac{1}{x^2}}\cdot\sqrt{(x+1)^2+\frac{1}{(x+1)^2}}=2+\frac{1}{x(x+1)}$$

解　因为

$$\sqrt{x^2+\frac{1}{x^2}}\cdot\sqrt{(x+1)^2+\frac{1}{(x+1)^2}}=\sqrt{x^2+\frac{1}{x^2}}\cdot\sqrt{\frac{1}{(x+1)^2}+(x+1)^2}$$

由柯西不等式知

$$\sqrt{x^2+\frac{1}{x^2}}\cdot\sqrt{\frac{1}{(x+1)^2}+(x+1)^2}\geqslant\frac{x}{x+1}+\frac{x+1}{x}$$

即

$$\sqrt{x^2+\frac{1}{x^2}}\cdot\sqrt{\frac{1}{(x+1)^2}+(x+1)^2}\geqslant 2+\frac{1}{x(x+1)}$$

当上式取等号时有 $x(x+1)=\frac{1}{x(x+1)}$ 成立，即 $x^2+x+1=0$(无实根)或 $x^2+x-1=0$，即 $x=\frac{-1\pm\sqrt{5}}{2}$，经检验，原方程的根为 $x=\frac{-1\pm\sqrt{5}}{2}$.

评注　巧用柯西不等式取等条件解决求根式与分式方程的解.

例 5　(1) 若实数 a,b 满足 $a\sqrt{1-b^2}+b\sqrt{1-a^2}=1$，求证：$a^2+b^2=1$；

(2) 已知 $\alpha,\beta\in\left(0,\frac{\pi}{2}\right)$，且 $\frac{\sin^4\alpha}{\cos^2\beta}+\frac{\cos^4\alpha}{\sin^2\beta}=1$，求 $\alpha+\beta$ 的值.

解　(1) $[a^2+(1-a^2)][(1-b^2)+b^2]\geqslant(a\sqrt{1-b^2}+b\sqrt{1-a^2})^2$

即

$$a\sqrt{1-b^2}+b\sqrt{1-a^2}\leqslant 1$$

当且仅当 $a=k\sqrt{1-b^2}$，$\sqrt{1-a^2}=kb$，将之代入已知，得 $k=1$，所以 $a^2+b^2=1$.

(2)
$$\frac{\sin^4\alpha}{\cos^2\beta}+\frac{\cos^4\alpha}{\sin^2\beta}\geqslant\frac{(\sin^2\alpha+\cos^2\alpha)^2}{\sin^2\beta+\cos^2\beta}=1$$

故当且仅当

$$\frac{\sin^2\alpha}{\cos^2\beta}=\frac{\cos^2\alpha}{\sin^2\beta}$$

即

$$\sin\alpha\sin\beta=\cos\alpha\cos\beta\Rightarrow\cos(\alpha+\beta)=0$$

因为 $\alpha,\beta\in\left(0,\frac{\pi}{2}\right)$，所以 $\alpha+\beta=\frac{\pi}{2}$.

评注 利用柯西不等式来证明恒等式(求代数式的值)，主要是利用其取等号的充分必要条件来达到目的，或者是利用柯西不等式进行夹逼的方法获证. 注意：这类求代数式的值(而不是求最值)的问题，本身具有一定的提示作用. 如果是求代数式的最值往往不是利用等号成立的条件，而是利用不等式本身的某一端数值.

【课外训练】

1. 解方程组 $\begin{cases}x+y+z=9\\x+w=6\\(x^2+y^2+z^2)(x^2+w^2)=486\end{cases}$.

2. (1) 求满足 $x^2+(y-1)^2+(x-y)^2=\frac{1}{3}$ 的实数对 (x,y)；

(2) 设实数 a,b,c,x,y,z 满足 $a^2+b^2+c^2=25$，$x^2+y^2+z^2=36$，且 $ax+by+cz=30$，求 $\frac{a+b+c}{x+y+z}$ 的值.

3. 已知正数 a,b,c 满足 $a+b+c=1$.

(1) 求证：$\frac{abc}{bc+ca+ab}\leqslant\frac{1}{9}$；

(2) 求 $\frac{(a+b)^2}{2b+c}+\frac{(b+c)^2}{2c+a}+\frac{(c+a)^2}{2a+b}$ 的最小值.

4. 已知正数 x, y, z 满足 $5x+4y+3z=10$.

(1) 求证：$\frac{25x^2}{4y+3z}+\frac{16y^2}{3z+5x}+\frac{9z^2}{5x+4y}\geqslant 5$；

(2) 求 $9^{x^2}+9^{y^2+z^2}$ 的最小值.

5. 设正数 x, y, z 满足 $3x+4y+5z=1$.

(1) 求证：$x^2+y^2+z^2\geqslant\frac{1}{50}$；

(2) 求 $\frac{1}{x+y}+\frac{1}{y+z}+\frac{1}{z+x}$ 的最小值.

第 10 章　巧用反柯西技术证题

谬误的好处是一时的，真理的好处是永久的；真理有弊病时，这些弊病是很快就会消灭的，而谬误的弊病则与谬误始终相随.

——狄德罗(法国)

【知识梳理】

反柯西技术本质是一个代数变形：$\frac{ab}{a+c}=b-\frac{bc}{a+c}$.

一般用来处理轮换的分式和型不等式，并且分母内次数一般不同，通过均值来放缩分母. 比如：$a,b,c>0,a+b+c=3$，求证：$\sum\frac{a}{1+b^2}\geqslant\frac{3}{2}$.

证明　正常分母均值有

$$\sum\frac{a}{1+b^2}\leqslant\sum\frac{a}{2\sqrt{1\times b^2}}=\frac{1}{2}\sum\frac{a}{b}\geqslant\frac{3}{2}$$

可惜这样做过头了，不过如果运用反柯西技术就能避免上述错误：

$$\begin{aligned}\sum\frac{a}{1+b^2}&=\sum a-\sum\frac{ab^2}{1+b^2}\geqslant\sum a-\sum\frac{ab^2}{2\sqrt{1\times b^2}}\\&=3-\frac{1}{2}\sum ab\geqslant 3-\frac{1}{2}\frac{\left(\sum a\right)^2}{3}=\frac{3}{2}\end{aligned}$$

【例题讲解】

例 1　已知：$n>3,a_k\geqslant 0(1\leqslant k\leqslant n),\sum\limits_{k=1}^{n}a_k=2(a_{n+1}=a_1)$. 求证：$\sum\limits_{\text{cyc}}\frac{a_k}{a_{k+1}^2+1}\geqslant\frac{3}{2}$.

证明　因为

$$\frac{x}{y+1}=x-\frac{xy}{y+1}$$

$$\text{原不等式}\Leftrightarrow\sum_{\text{cyc}}a_k-\sum_{\text{cyc}}\frac{a_ka_{k+1}^2}{a_{k+1}^2+1}\geqslant\frac{3}{2}$$

注意到

$$\sum_{\text{cyc}}\frac{a_k}{a_{k+1}^2+1}\geqslant 2-\sum_{\text{cyc}}\frac{a_ka_{k+1}}{2}$$

下面只需证明

$$\left(\sum_{k=1}^{n}a_k\right)^2\geqslant 4\sum_{\text{cyc}}a_ka_{k+1}$$

不妨设 $a_1=\max\{a_k\}$，那么

$$4\sum_{\text{cyc}}a_ka_{k+1}\leqslant 4(a_1+a_3)(a_2+a_4+a_5+\cdots+a_n)\leqslant\left(\sum_{k=1}^{n}a_k\right)^2$$

例 2　已知：$a,b,c,d>0$，$a+b+c+d=4$，求证：$\sum\frac{a}{1+b^2c}\geqslant 2$.

证明　$\text{左边}=\sum a-\sum\frac{ab^2c}{1+b^2c}\geqslant 4-\sum b\frac{\sqrt{a}\cdot\sqrt{ac}}{2}$

$$\geqslant 4-\frac{1}{4}\sum(ab+abc)$$

注意到

$$\sum_{\text{cyc}}ab=(a+c)(b+d)\leqslant\frac{(a+b+c+d)^2}{4}=4$$

$$\begin{aligned}\sum abc&=ab(c+d)+cd(a+b)\\&\leqslant\frac{1}{4}(a+b)^2(c+d)+\frac{1}{4}(c+d)^2(a+b)\\&=\frac{1}{4}(a+b+c+d)(a+b)(c+d)\\&\leqslant\frac{1}{16}(a+b+c+d)^3=4\end{aligned}$$

所以有 $\sum\frac{a}{1+b^2c}\geqslant 2$ 成立.

例 3　已知：$a,b,c,d>0$，求证：

(1) $\sum\frac{a^3}{a^2+b^2}\geqslant\frac{1}{2}\sum a$；

(2) $\sum \frac{a^4}{a^3+2b^3} \geqslant \frac{1}{3}\sum a$.

解 (1) 注意到：

$$\sum \frac{a^3}{a^2+b^2} = \sum a - \sum \frac{ab^2}{a^2+b^2} \geqslant \sum a - \frac{1}{2}\sum b = \frac{1}{2}\sum a$$

得证.

(2) 注意到：

$$\sum \frac{a^4}{a^3+2b^3} = \sum a - \sum \frac{2ab^3}{a^3+2b^3} \geqslant \sum a - \frac{2}{3}\sum b = \frac{1}{3}\sum a$$

得证.

例 4 已知 $a,b,c>0$.

(1) 已知：$a+b+c=3$，求证：$\sum \frac{a^2}{a+2b^2} \geqslant 1$；

(2) 已知$\sqrt{a}+\sqrt{b}+\sqrt{c}=3$.

求证：$\sum \frac{a^2}{a+2b^2} \geqslant 1$.

解 (1) $\sum \frac{a^2}{a+2b^2} = \sum a - \sum \frac{2ab^2}{a+2b^2} \geqslant 3 - \frac{2}{3}\sum (ab)^{\frac{2}{3}}$，下面只需证明：$\sum (ab)^{\frac{2}{3}} \leqslant 3$. 根据幂平均值不等式显然成立.

实际上有

$$\begin{aligned}\left(\sum a\right)^2 &= \frac{2}{3}\left(\sum a\right)^2 + \frac{1}{3}\left(\sum a\right)^2 \\ &\geqslant 2\left(\sum a\right) + \left(\sum ab\right) = \sum (a+b+ab) \geqslant 3\sum (ab)^{\frac{3}{2}}\end{aligned}$$

(2) $$左式 = \sum a - \sum \frac{2ab^2}{a+2b^2} \geqslant \sum a - \frac{2}{3}\sum (ab)^{\frac{2}{3}}$$

注意到

$$\sum a = \frac{1}{9}\left(\sum a\right)^2 \sum a \geqslant \frac{1}{9}\left(\sum a^{\frac{2}{3}}\right)^3 \geqslant \frac{1}{3}\left(\sum a^{\frac{2}{3}}\right)^2 \geqslant \sum (ab)^{\frac{2}{3}}$$

$$\frac{1}{3}\sum a \geqslant \frac{1}{9}\left(\sum \sqrt{a}\right)^2 = 1$$

所以原不等式成立.

例 5 (1) 已知：$a,b,c>0$，$a+b+c=3$，求证：$\sum \frac{a^2}{a+2b^3} \geqslant 1$.

(2) 已知：$a,b,c>0$，$a+b+c=3$，求证：$\sum \frac{a+1}{b^2+1} \geqslant 3$.

证明　(1) $\sum \frac{a^2}{a+2b^3}=\sum a-\sum \frac{2ab^3}{a+2b^3}\geqslant \sum a-\frac{2}{3}\sum a^{\frac{2}{3}}b$

下面只需证：$\sum a^{\frac{2}{3}}b\leqslant 3$.

注意到

$$3\sum a\geqslant \sum a+2\sum ab=\sum (b+ab+ab)\geqslant 3\sum a^{\frac{2}{3}}b$$

原不等式显然成立.

(2) 注意到

$$\sum \frac{a+1}{b^2+1}=\sum (a+1)-\sum \frac{(a+1)b^2}{b^2+1}\geqslant 6-\frac{1}{2}\sum (ab+a)\geqslant 3$$

原不等式成立.

【课外训练】

1. 已知：$a,b,c,d>0,a+b+c+d=4$，求证：$\sum \frac{1}{a^2+1}\geqslant 2$.

2. 已知：$a,b,c>0,a+b+c=3$，求证：$\sum \frac{1}{1+2b^2c}\geqslant 1$.

3. 已知：$a,b,c,d\geqslant 0,a+b+c+d=4$，求证：$\sum \frac{1+ab}{1+b^2c^2}\geqslant 4$.

4. 已知：$a,b,c>0,a^2+b^2+c^2=3$，求证：$\sum \frac{1}{a^3+2}\geqslant 1$.

5. 已知：$a,b,c\geqslant 0,a+b+c=2$，求证：$\sum \frac{b}{a^2+1}\geqslant \frac{18}{13}$.

第11章　三元对称不等式的求解方法

智力绝不会在已经认识的真理上停止不前，而始终会不断前进，走向尚未被认识的真理.
——布鲁诺(意大利)

【知识梳理】

在本章中，我们会频繁地使用循环求和符号"$\sum$"，它具有如下性质

$$\sum a = a + b + c$$

$$\sum ab = ab + bc + ca$$

$$\sum abc = 3abc$$

一般地，对三元函数 $f(a,b,c)$，在循环求和符号"$\sum$"的意义下，我们有

$$\sum f(a,b,c) = f(a,b,c) + f(b,c,a) + f(c,a,b)$$

本章讨论的不等式均为正实数范围的三元对称不等式. 对于三元对称不等式的多项式方法，是指将已有的三元对称不等式化归为关于 s,p,q 的不等式，其中 $s = x + y + z, p = xyz, q = xy + yz + zx$.

定理　关于 x,y,z 的三元对称多项式均可以表示成为 s,p,q 的多项式.

这个定理是高等代数中的内容，我们在此不做证明. 由这个定理我们知道，但凡是关于 x,y,z 的三元对称不等式，均可以表示成为 s,p,q 的不等式. 因此，在理论上，任何三元对称不等式均可借由本章的方法给出适当的证明，故我们需要探究如何将对称不等式化归为 s,p,q 的不等式的方法.

由于此类方法讲究解题破题(即用已知的不等式来调整 s,p,q 的关系)，故我们给出以下恒等式：

1. $\sum a^2 = s^2 - 2q$.

证明　$\sum a^2=\left(\sum a\right)^2-2\sum ab=s^2-2q$,得证!

2. $\sum a^2bc=sp$.(证明略,请读者自行完成)

3. $\sum a^3=s^3-3sq+3p$.

证明
$$\sum a^3=\left(\sum a\right)^3-3\sum ab(a+b)+3abc$$
$$=s^3-3(a+b)(b+c)(c+a)=s^3-3sq+3p$$
得证!

4. $\sum ab(a+b)=sq-3p$.

证明　$\sum ab(a+b)=\sum ab(s-c)=s\sum ab-\sum abc=sq-3p$,得证!

5. $\sum ab(a^2+b^2)=s^2q-2q^2-sp$.

证明
$$\sum ab(a^2+b^2)=\sum ab(s^2-2q-c^2)$$
$$=s^2\sum ab-2q\sum ab-\sum abc^2$$
$$=s^2q-2q^2-sp$$
得证!

6. $\sum a^2b^2=q^2-2sp$.

证明　$\sum a^2b^2=\left(\sum ab\right)^2-2\sum ab\cdot bc=q^2-2sp$,得证!

7. $\left(\sum a\right)\left(\sum ab\right)-abc=(a+b)(b+c)(c+a)=sq-p$.

证明　$(a+b)(b+c)(c+a)=(s-a)(s-b)(s-c)$
$$=[s^3-(a+b+c)s^2+(ab+bc+ca)s-abc]$$
$$=sq-p=(a+b+c)(ab+bc+ca)-abc$$
得证!

8. $\sum a^4=s^4-4s^2q+2q^2+2sp$.

证明　$\sum a^4=\left(\sum a^2\right)^2-2\sum a^2b^2=(s^2-2q)^2-2(q^2-2sp)$
$$=s^4-4s^2q+2q^2+2sp$$

为在证明中叙述方便,我们再引入以下的不等关系:

9. $s^2\geqslant 3q$.

证明　$s^2\geqslant 3q\Leftrightarrow(a+b+c)^2\geqslant 3(ab+bc+ca)\Leftrightarrow\sum a^2-\sum ab\geqslant 0\Leftrightarrow$

$\frac{1}{2}\sum(a-b)^2\geqslant 0$，此为显然，得证！

10. $s\geqslant 3\sqrt[3]{p}$.

证明　由均值不等式 $a+b+c\geqslant 3\sqrt[3]{abc}$，此为显然，得证！

11. $q\geqslant 3\sqrt[3]{p^2}$.

证明　由均值不等式 $ab+bc+ca\geqslant 3\sqrt[3]{(abc)^2}$，此为显然，得证！

12. $sq\geqslant 9p$.

证明　将不等关系 10，11 相乘可得，得证！

13. $q^2\geqslant 3sp$.

证明　$q^2\geqslant 3sp\Leftrightarrow\left(\sum ab\right)^2\geqslant 3\sum a^2bc\Leftrightarrow\sum a^2b^2-\sum a^2bc\geqslant 0\Leftrightarrow$ $\frac{1}{2}\sum(ab-bc)^2\geqslant 0$，此为显然，得证！

14. $(a+b)(b+c)(c+a)\geqslant\frac{8}{9}(a+b+c)(ab+bc+ca)$.

证明　由恒等式 $(a+b)(b+c)(c+a)=(a+b+c)(ab+bc+ca)-abc$ 以及 $p\leqslant\frac{sq}{9}$ 易得，得证！

15.（三次舒尔不等式）$s^3-4sq+9p\geqslant 0$.

证明　首先给出 $\lambda+2$ 次舒尔不等式的代数形式

$$\sum a^{\lambda}(a-b)(a-c)\geqslant 0$$

其中 $\lambda\in\mathbf{R}$.

由于舒尔不等式轮换对称，不妨设（这由对称性得到保证）$a\geqslant b\geqslant c$.

当 $\lambda\geqslant 0$ 时

$$a^{\lambda}(a-b)(a-c)\geqslant b^{\lambda}(a-b)(a-c)\geqslant b^{\lambda}(a-b)(b-c)$$

故我们就有

$$a^{\lambda}(a-b)(a-c)+b^{\lambda}(b-a)(b-c)\geqslant 0$$

又由于 $c^{\lambda}(c-a)(c-b)\geqslant 0$ 显然成立，故此时舒尔不等式成立.

当 $\lambda<0$ 时

$$c^{\lambda}(c-b)(c-a)\geqslant b^{\lambda}(c-b)(c-a)\geqslant b^{\lambda}(a-b)(b-c)$$

故我们就有

$$c^{\lambda}(c-a)(c-b)+b^{\lambda}(b-a)(b-c)\geqslant 0$$

又由于

$$a^{\lambda}(a-b)(a-c)\geqslant 0$$

显然成立,故此时舒尔不等式成立.

综上,总有舒尔不等式成立,下面化简 $\sum a(a-b)(a-c)$. 即

$$\begin{aligned}\sum a(a-b)(a-c)&=\sum a(a^2-(b+c)a+bc)\\&=\sum a(a^2-(s-a)a^2+bc)\\&=2\sum a^3-s\sum a^2+\sum abc\\&=2(s^3-3sq+3p)-s(s^2-2q)+3p\\&=s^3-4sq+9p\end{aligned}$$

所以有,$s^3-4sq+9p\geqslant 0$.

由舒尔不等式的证明过程,我们可以感觉舒尔不等式的放缩是比较松的,但事实上,舒尔不等式的放缩功效在大部分的不等式证明中都很强,往往比我们常用的 A－G 不等式以及柯西不等式都要强,这是作者略感困惑的地方,希望有读者能有好的想法与作者交流.

【例题分析】

例 1　$x,y,z\in\mathbf{R}_+,x+y+z=1$,求证:$0\leqslant xy+yz+zx-2xyz\leqslant\frac{7}{27}$.

证明　先证明左端不等式 $\Leftrightarrow(\sum a)(\sum ab)-2abc\geqslant 0\Leftrightarrow sq-2p\geqslant 0$. 由于 $sq\geqslant 9p$,因此该不等式成立.

再证明右端不等式,右端不等式等价于 $27q\leqslant 7+54p$,由舒尔不等式可知 $1+9p\geqslant 4q$,则 $6+54p\geqslant 24q$,再由 $s^2\geqslant 3q$ 知 $3q\leqslant 1$,故 $7+54p\geqslant 24q+3q=27q$, 原不等式得证!

评注　由上面我们可以看到,我们手头上大部分已有的不等式都是由 s 这个变量控制 q,p,而 q 也有部分不等式控制 s,p,但唯独 p 鲜有不等式能控制 s,q,但舒尔不等式恰好填补了这个空白,由舒尔不等式,即可由变量 p 来控制变量 s,q,这也就为很多证明 p 是一个大数量的不等式,架起了一个很好的桥梁.

例 2　$a,b,c\in\mathbf{R}_+$,求函数 $f=\frac{(a+b+c)(ab+bc+ca)}{(a+b)(b+c)(c+a)}$ 的最大值.

解　利用不等式$(a+b)(b+c)(c+a)\geqslant \frac{8}{9}sq$，得 $f\leqslant \frac{sq}{\frac{8}{9}sq}=\frac{9}{8}$，故 $f_{\max}=\frac{9}{8}$.

注　事实上利用$(a+b)(b+c)(c+a)=sq-p<sq$ 可知 $\sup f=1$（即 $\forall a,b,c\in \mathbf{R}_+$，都有 $f>1$）.

评注　由例 2 可知，多项式方法对不等式结构的化简起着巨大的功效，用恒等式或不等式可以将许多形式复杂的代数式的极值快速得出，也可以将命题者隐藏好的结构抽丝剥茧出来，这样，我们就能将不等式化归为我们容易处理的形式.

例 3　已知对任意的 $a,b,c\geqslant 0$，$a+b+c=1$，都有 $a^2+b^2+c^2+\lambda\sqrt{abc}\leqslant 1$，求实数 λ 的最大值.

解　当 $a=b=c=\frac{1}{3}$ 并且不等式取等号时，我们有 $\lambda=2\sqrt{3}$，下面证明 $\lambda_{\max}=2\sqrt{3}$.

原式$\Leftrightarrow s^2-2q+2\sqrt{3p}\leqslant 1\Leftrightarrow \sqrt{3p}\leqslant\sqrt{q}\Leftrightarrow 3p\leqslant q^2\Leftrightarrow 3sp\leqslant q^2$，此为显然，故成立！

评注　上例其实不需要用多项式方法证明，但是在这里使用多项式方法，有利于我们看清条件，并灵活正确地使用条件，以达到证明成立的目的.

例 4　$x,y,z\in \mathbf{R}_+$，$xy+yz+zx=1$，求证：$\frac{1}{x+y}+\frac{1}{y+z}+\frac{1}{z+x}\geqslant\frac{5}{2}$.

证明　由恒等式$(a+b)(b+c)(c+a)=sq-p=s-p$，知左端通分后分母为 $s-p$.

我们再考虑化简分子，即化简表达式$\sum(a+b)(b+c)$.

$$\begin{aligned}\sum(a+b)(b+c)&=\sum[b^2+(a+c)b+ac]\\&=\sum a^2+\sum(s-b)b+\sum ac\\&=s\sum b+q=s^2+1\end{aligned}$$

只需证明 $2(s^2+1)\geqslant 5(s-p)$，等价于

$$5p\geqslant -2s^2+5s-2 \qquad ①$$

由舒尔不等式知 $5p\geqslant\frac{20s-5s^3}{9}$，故我们只需证明

$$\frac{20s-5s^3}{9}\geqslant -2s^2+5s-2$$

这等价于$(2-s)(5s^2-8s+9)\geqslant 0$，因为二次方程$5s^2-8s+9=0$判别式为负，故$(2-s)(5s^2-8s+9)\geqslant 0$等价于$s\leqslant 2$，即$s\leqslant 2$时，由舒尔不等式知原不等式成立；当$s>2$时，$-2s^2+5s-2=(s-2)(1-2s)<0$，此时式①成立.

故综上，总有原不等式成立.

评注　本例也可这样解，令$f(p)=5p+2s^2-5s+2$，对p的范围进行讨论(同样需要用到舒尔不等式)，由于$f(p)$是关于p的一次函数，只需验证p的两端函数值大于等于0，这个证明留给读者完成.

例 5　已知：$a,b,c>0$，求证：$\frac{2(a^3+b^3+c^3)}{abc}+\frac{9(a+b+c)^2}{(a^2+b^2+c^2)}\geqslant 33$.

证明　做代换：$s=a+b+c,q=ab+bc+ca,p=abc$，有

$$\frac{2s^3-6sq+6p}{p}+\frac{9s^2}{s^2-2q}\geqslant 33\Leftrightarrow\frac{2s^3-6sq}{p}+\frac{18q}{s^2-2q}\geqslant 18$$

不妨设

$$s=3\Rightarrow q\leqslant 3\Rightarrow\frac{6-2q}{p}+\frac{2q}{9-2q}\geqslant 2$$

$$\Leftrightarrow 2(3-q)(9-2q)\geqslant 6p(3-q)\Leftrightarrow(3-q)(18-4q-6p)\geqslant 0$$

下面只需证明

$$18-4q-6p\geqslant 0\Rightarrow r\leqslant\frac{18-4q}{6}$$

由四次舒尔不等式得

$$r\leqslant\frac{5s^2q-s^4-4q^2}{6s}=\frac{45q-81-4q^2}{18}$$

下面只需证$\frac{45q-81-4q^2}{18}\leqslant\frac{18-4q}{6}\Leftrightarrow(3-q)(45-4q)\geqslant 0$. 显然成立.

评注　本例比较综合，巧妙地运用s,p,r的一些不等式和性质，通过分析法和重要不等式获得证明.

【课外训练】

1. 已知：$x,y,z\in\mathbf{R}_+,x+y+z=1$，求证：$9xyz+2\geqslant 7(xy+yz+zx)$.

2. 已知：$x,y,z\in\mathbf{R}_+,xy+yz+zx=1$，求证：$\sum x(1-y^2)(1-z^2)\leqslant\frac{4\sqrt{3}}{9}$.

3. 已知对任意的 $x,y,z\geqslant 0,x+y+z=1$，都有 $a\left(\sum x^2\right)+bxyz\leqslant 1$，求 a,b 满足的条件.

4. 已知：$a,b,c>0$，求证：$\sum\frac{a}{b+c}+\frac{16\sum ab}{\sum a^2}\geqslant 8$.

5. 已知：$abc=1,a,b,c>0$，求证：

$$\frac{1}{1+a+b}+\frac{1}{1+b+c}+\frac{1}{1+c+a}\leqslant\frac{1}{2+a}+\frac{1}{2+b}+\frac{1}{2+c}$$

第12章　分式和型不等式的证明

> 在科学工作中，不愿意越过事实前进一步的人，很少能理解事实.
>
> ——赫胥黎（英国）

【知识梳理】

重要推论：设 a,b,c 为正实数，则有

$$(a+b+c)\left(\frac{1}{a}+\frac{1}{b}+\frac{1}{c}\right)\geqslant 9$$

或

$$\frac{1}{a}+\frac{1}{b}+\frac{1}{c}\geqslant\frac{9}{a+b+c}$$

重要变式：设 $x_1,x_2,x_3\in\mathbf{R}$；$y_1,y_2,y_3\in\mathbf{R}_+$，则有

$$\frac{x_1^2}{y_1}+\frac{x_2^2}{y_2}+\frac{x_3^2}{y_3}\geqslant\frac{(x_1+x_2+x_3)^2}{y_1+y_2+y_3}$$

当且仅当$\frac{x_1}{y_1}=\frac{x_2}{y_2}=\frac{x_3}{y_3}$时，等号成立.

【例题分析】

例1　已知 $a,b,c\in\mathbf{R}_+$ 且 $a+b+c=1$，求证：

$$\frac{1}{\sqrt{a}+\sqrt{b}}+\frac{1}{\sqrt{b}+\sqrt{c}}+\frac{1}{\sqrt{c}+\sqrt{a}}\geqslant\frac{3\sqrt{3}}{2}$$

证明　又因为

$$(a+b+c)(1+1+1)\geqslant(\sqrt{a}+\sqrt{b}+\sqrt{c})^2$$

所以

$$\sqrt{a}+\sqrt{b}+\sqrt{c}\leqslant\sqrt{3}$$

所以

$$\frac{1}{\sqrt{a}+\sqrt{b}}+\frac{1}{\sqrt{b}+\sqrt{c}}+\frac{1}{\sqrt{c}+\sqrt{a}}\geqslant\frac{9}{2(\sqrt{a}+\sqrt{b}+\sqrt{c})}\geqslant\frac{9}{2\sqrt{3}}=\frac{3\sqrt{3}}{2}$$

当且仅当 $a=b=c=\frac{1}{3}$ 时取得等号.

评注 本题主要运用重要变式,设 $x_1,x_2,x_3\in\mathbf{R}$;$y_1,y_2,y_3\in\mathbf{R}_+$,则有

$$\frac{x_1^2}{y_1}+\frac{x_2^2}{y_2}+\frac{x_3^2}{y_3}\geqslant\frac{(x_1+x_2+x_3)^2}{y_1+y_2+y_3}$$

当且仅当$\frac{x_1}{y_1}=\frac{x_2}{y_2}=\frac{x_3}{y_3}$ 时等号成立.

例 2 $a,b,c\in\mathbf{R}_+,a+b+c=1$,求证:

$$\frac{a}{1+b+c}+\frac{b}{1+a+c}+\frac{c}{1+a+b}\geqslant\frac{3}{5}$$

证法一

$$\begin{aligned}&\frac{a}{1+b+c}+\frac{b}{1+a+c}+\frac{c}{1+a+b}\\&=\frac{a^2}{a+ab+ac}+\frac{b^2}{b+ab+bc}+\frac{c^2}{c+ac+bc}\\&\geqslant\frac{(a+b+c)^2}{a+b+c+2(ab+bc+ca)}\end{aligned}$$

因为

$$\begin{aligned}(a+b+c)^2&=a^2+b^2+c^2+2(ab+bc+ca)\\&\geqslant 3(ab+bc+ca)\end{aligned}$$

所以 $ab+bc+ca\leqslant\frac{1}{3}$,即有

$$\begin{aligned}\frac{a}{1+b+c}+\frac{b}{1+a+c}+\frac{c}{1+a+b}&\geqslant\frac{(a+b+c)^2}{a+b+c+2(ab+bc+ca)}\\&\geqslant\frac{1}{1+2\cdot\frac{1}{3}}=\frac{3}{5}\end{aligned}$$

当且仅当 $a=b=c=\frac{1}{3}$ 时,取得等号.

证法二

$$\frac{a}{1+b+c}+\frac{b}{1+a+c}+\frac{c}{1+a+b}$$

$$=\frac{a}{1+b+c}+1+\frac{b}{1+a+c}+1+\frac{c}{1+a+b}+1-3$$

$$=\frac{a+b+c+1}{1+b+c}+\frac{a+b+c+1}{1+a+c}+\frac{a+b+c+1}{1+a+b}-3$$

$$=\frac{2}{1+b+c}+\frac{2}{1+a+c}+\frac{2}{1+a+b}-3$$

$$\geqslant\frac{(\sqrt{2}+\sqrt{2}+\sqrt{2})^2}{3+2(a+b+c)}-3$$

$$=\frac{18}{5}-3=\frac{3}{5}$$

当且仅当 $a=b=c=\frac{3}{5}$ 时,取得等号.

评注　三个分式相加,分子次数为一次时,不能直接利用公式,想一想为什么?因为如果直接用变式,那么分子会出现三个根号相加,必定是小于等于,出现不等号打架的情况.解决方法之一:将分子分母同乘一遍分子,变为二次,再用三个分式相加的变式.

例3　已知 $x,y,z\in\mathbf{R}_+$,$\frac{x^2}{1+x^2}+\frac{y^2}{1+y^2}+\frac{z^2}{1+z^2}=2$,求$\frac{x}{1+x^2}+\frac{y}{1+y^2}+\frac{z}{1+z^2}$的最大值.

解　因为

$$\frac{x^2}{1+x^2}+\frac{y^2}{1+y^2}+\frac{z^2}{1+z^2}=3-\left(\frac{1}{1+x^2}+\frac{1}{1+y^2}+\frac{1}{1+z^2}\right)=2$$

所以

$$\frac{1}{1+x^2}+\frac{1}{1+y^2}+\frac{1}{1+z^2}=1$$

因为

$$\left(\frac{x^2}{1+x^2}+\frac{y^2}{1+y^2}+\frac{z^2}{1+z^2}\right)\left(\frac{1}{1+x^2}+\frac{1}{1+y^2}+\frac{1}{1+z^2}\right)$$
$$\geqslant\left(\frac{x}{1+x^2}+\frac{y}{1+y^2}+\frac{z}{1+z^2}\right)^2$$

所以$\frac{x}{1+x^2}+\frac{y}{1+y^2}+\frac{z}{1+z^2}\leqslant\sqrt{2}$,当且仅当 $x=y=z=\sqrt{2}$ 时取得等号.

评注　注意到本题中三个分式之和小于等于的隐含条件,考虑将其视为柯西不等式右端部分,从而配凑解决问题.

例 4 已知 $x,y,z\in\mathbf{R}_+$,求证:$1<\dfrac{x}{x+y}+\dfrac{y}{y+z}+\dfrac{z}{z+x}<2$.

证法一 先证左边:

$$\begin{aligned}\frac{x}{x+y}+\frac{y}{y+z}+\frac{z}{z+x}&=\frac{x^2}{x^2+xy}+\frac{y^2}{y^2+yz}+\frac{z^2}{z^2+xz}\\&\geqslant\frac{(x+y+z)^2}{x^2+y^2+z^2+xy+yz+zx}\\&=\frac{(x+y+z)^2}{(x+y+z)^2-(xy+yz+zx)}\\&>\frac{(x+y+z)^2}{(x+y+z)^2}=1\end{aligned}$$

再证右边:

由于

$$\begin{aligned}\frac{x}{x+y}+\frac{y}{y+z}+\frac{z}{z+x}&=1-\frac{y}{x+y}+1-\frac{z}{y+z}+1-\frac{x}{z+x}\\&=3-\left(\frac{y}{x+y}+\frac{z}{y+z}+\frac{x}{z+x}\right)\end{aligned}$$

所以可设对偶式 $M=\dfrac{x}{x+y}+\dfrac{y}{y+z}+\dfrac{z}{z+x}$,$N=\dfrac{y}{x+y}+\dfrac{z}{y+z}+\dfrac{x}{z+x}$,且 $M+N=3$,由前已证 $N=\dfrac{y}{x+y}+\dfrac{z}{y+z}+\dfrac{x}{z+x}>1$,所以 $M<2$.

证法二 由“糖水”不等式知

$$\frac{x}{x+y+z}<\frac{x}{x+y}<\frac{x+z}{x+y+z}$$

$$\frac{y}{x+y+z}<\frac{y}{y+z}<\frac{y+x}{x+y+z}$$

$$\frac{z}{x+y+z}<\frac{z}{z+x}<\frac{z+y}{x+y+z}$$

三式相加得证.

评注 要证明两边的不等式难度不小,一般左边大于比较好证明,右边小于一般要用放缩法.

例 5 已知 $x,y,z\in\mathbf{R}_+$,求证:$1<\sqrt{\dfrac{x}{x+2y}}+\sqrt{\dfrac{y}{y+2z}}+\sqrt{\dfrac{z}{z+2x}}<2$.

证明 先证左边:

因为 $x,y,z\in\mathbf{R}_+$,所以

$$\frac{x}{x+2y}<1,\frac{y}{y+2z}<1,\frac{z}{z+2x}<1$$

所以

$$\sqrt{\frac{x}{x+2y}}>\frac{x}{x+2y},\sqrt{\frac{y}{y+2z}}>\frac{y}{y+2z},\sqrt{\frac{z}{z+2x}}>\frac{z}{z+2x}$$

所以

$$\begin{aligned}\sqrt{\frac{x}{x+2y}}+\sqrt{\frac{y}{y+2z}}+\sqrt{\frac{z}{z+2x}}&>\frac{x}{x+2y}+\frac{y}{y+2z}+\frac{z}{z+2x}\\&=\frac{x^2}{x^2+xy}+\frac{y^2}{y^2+yz}+\frac{z^2}{z^2+xz}\\&\geqslant\frac{(x+y+z)^2}{x^2+y^2+z^2+xy+yz+zx}\\&=\frac{(x+y+z)^2}{(x+y+z)^2-(xy+yz+zx)}\\&>\frac{(x+y+z)^2}{(x+y+z)^2}=1\end{aligned}$$

再证右边:不妨设 $x\geqslant y,x\geqslant z$.

由于 $0<\sqrt{\frac{x}{x+2y}}<1,0<\sqrt{\frac{y}{y+2z}}<1$,所以

$$\left(1-\sqrt{\frac{x}{x+2y}}\right)\left(1-\sqrt{\frac{y}{y+2z}}\right)>0$$

即

$$\begin{aligned}\sqrt{\frac{x}{x+2y}}+\sqrt{\frac{y}{y+2z}}&<1+\sqrt{\frac{x}{x+2y}\cdot\frac{y}{y+2z}}\leqslant1+\sqrt{\frac{xy}{(\sqrt{xy}+2\sqrt{yz})^2}}\\&=1+\frac{\sqrt{x}}{\sqrt{x}+2\sqrt{z}}\text{(柯西不等式)}\\&\leqslant1+\frac{\sqrt{x}+(\sqrt{x}-\sqrt{z})}{\sqrt{x}+2\sqrt{z}+(\sqrt{x}-\sqrt{z})}\end{aligned}$$

$$\text{(因为 }a>b>0,m\geqslant0\Rightarrow\frac{b}{a}\geqslant\frac{b+m}{a+m}\text{)}$$

所以

$$\sqrt{\frac{x}{x+2y}}+\sqrt{\frac{y}{y+2z}}<1+\frac{2\sqrt{x}-\sqrt{z}}{2\sqrt{x}+\sqrt{z}}$$

又

$$\sqrt{\frac{z}{z+2x}}=\frac{\sqrt{3z}}{\sqrt{(1+2)(z+2x)}}\leqslant\frac{\sqrt{3z}}{\sqrt{(\sqrt{z}+2\sqrt{x})^2}}=\frac{\sqrt{3z}}{\sqrt{z}+2x}<\frac{2\sqrt{z}}{\sqrt{z}+2\sqrt{x}}$$

所以

$$\sqrt{\frac{x}{x+2y}}+\sqrt{\frac{y}{y+2z}}+\sqrt{\frac{z}{z+2x}}<1+\frac{2\sqrt{z}}{2\sqrt{x}+\sqrt{z}}+\frac{2\sqrt{x}-\sqrt{z}}{2\sqrt{x}+\sqrt{z}}=2$$

评注 注意到本题中是三个根式不等式之和,处理这类问题的方法是去掉根式,运用不等式的放大或缩小,是一种有效手段.

【课外训练】

1. 已知 $a,b,c\in\mathbf{R}_+$,且 $abc=1$,求 $\frac{b^2c^2}{a(b+c)}+\frac{c^2a^2}{b(c+a)}+\frac{a^2b^2}{c(a+b)}$ 的最小值.

2. 设 a,b,c 都是正实数,求 $\frac{a}{b+2c}+\frac{b}{c+2a}+\frac{c}{a+2b}$ 的最小值.

3. 设 $a_1,a_2,a_3\in\mathbf{R}_+$,且 $\frac{1}{a_1}+\frac{1}{a_2}+\frac{1}{a_3}=1$,求证:$\frac{a_1}{1+a_1}+\frac{a_2}{1+a_2}+\frac{a_3}{1+a_3}\geqslant\frac{9}{4}$.

4. 已知 $x,y,z\in\mathbf{R}_+$,求证:$1\leqslant\frac{x}{x+2y}+\frac{y}{y+2z}+\frac{z}{z+2x}<2$.

5. 设 x_1,x_2,x_3 都是正数,且 $x_1+x_2+x_3=1$,求证:$\frac{x_1}{\sqrt{1-x_1}}+\frac{x_2}{\sqrt{1-x_2}}+\frac{x_3}{\sqrt{1-x_3}}\geqslant\frac{1}{\sqrt{2}}(\sqrt{x_1}+\sqrt{x_2}+\sqrt{x_3})$.

第 13 章　根式和型不等式的证明

> 攻克科学堡垒,就像打仗一样,总会有人牺牲,有人受伤,我要为科学而献身.
>
> —— 罗蒙诺索夫(苏联)

【知识要点】

整式根式和型不等式,一般可以两边平方,得到$\sum\sqrt{(\cdots)(\cdots)}$型.

$\sum\sqrt{(\cdots)(\cdots)}\leqslant$型我们可以考虑均值,还可以考虑逆用柯西不等式.

$\sum\sqrt{(\cdots)(\cdots)}\geqslant$型我们可以考虑每个括号内的式子按照取得情况来均值.还可以考虑将两个括号内的式子配方,然后运用柯西不等式.

有时一次平方放缩不够还可以多次.

【例题讲解】

例 1　(1) 已知:$a,b,c>0,ab+bc+ca=1$,求证:$\sum\sqrt{a^3+a}\geqslant 2\sqrt{a+b+c}$.

(2) 已知:$a,b,c>0$,求证:$\sum\sqrt{a^2+8bc}\leqslant 3\sum a$.

证明　(1) 不等式齐次$\Leftrightarrow\sum\sqrt{a(a+b)(a+c)}\geqslant 2\sqrt{\sum a\sum ab}$.

$$\begin{aligned}平方\Leftrightarrow&\sum a(a+b)(a+c)+2\sum(a+b)\sqrt{ab(c+a)(c+b)}\\&\geqslant 4(2,1)+12abc\\&\Leftrightarrow\sum a^3+2\sum(a+b)\sqrt{ab(c+a)(c+b)}\geqslant 3(2,1)+9abc\end{aligned}$$

所以

$$原不等式\Leftrightarrow\sum a^3+2\sum(a+b)\sqrt{ab}(\sqrt{ab}+c)$$

$$=\sum a^3+2(2,1)+2\sum c\sqrt{ab}(a+b)$$

$$\geqslant \sum a^3+2(2,1)+2\sum c\sqrt{ab}(2\sqrt{ab})$$

$$=\sum a^3+2(2,1)+12abc$$

只需证明$\sum a^3+2(2,1)+12abc\geqslant 3(2,1)+9abc\Leftrightarrow \sum a^3+3abc\geqslant(2,1)$，三次舒尔不等式.

(2) 原不等式平方

$$\Leftrightarrow \sum(a^2+8bc)+2\sum\sqrt{(a^2+8bc)(b^2+8ca)}\leqslant 9\sum a^2+18\sum ab$$

$$\Leftrightarrow \sum\sqrt{(a^2+8bc)(b^2+8ca)}\leqslant 4\sum a^2+5\sum ab$$

注意到均值不等式：$\sum\sqrt{(a^2+8bc)(b^2+8ca)}\leqslant \sum a^2+8\sum ab$.

下面只需证明：$\sum a^2+8\sum ab\leqslant 4\sum a^2+5\sum ab$，均值不等式后显然.证毕.

例 2 (1) 已知：$a,b,c>0$，求证：$\sum\sqrt{a(2a+b+c)}\geqslant\sqrt{12(ab+bc+ca)}$.

(2) 已知：$a,b,c\geqslant 0,a+b+c=2$，求证：$\sum\sqrt{a+b-2ab}\geqslant 2$.

证明 (1) 平方得

$$2\sum a^2+2\sum ab+2\sum\sqrt{ab(2a+b+c)(2b+c+a)}\geqslant 12\sum ab$$

$$\Leftrightarrow \sum a^2+\sum\sqrt{ab(2a+b+c)(2b+c+a)}\geqslant 5\sum ab$$

注意到

$$\sum a^2+\sum\sqrt{(2a^2+ab+ac)(2b^2+ba+bc)}$$

$$\geqslant \sum a^2+\sum(2ab+ab+c\sqrt{ab})$$

只需证明

$$\sum a^2+\sum(c\sqrt{ab})\geqslant 2\sum ab$$

四次舒尔不等式得

$$\sum a^2+\sum(c\sqrt{ab})\geqslant \sum(a\sqrt{ab}+b\sqrt{ab})\geqslant 2\sum ab$$

证毕.

(2) 原不等式齐次化

$\sum\sqrt{(a+b+c)(a+b)-4ab}\geqslant 2\sqrt{2}\Leftrightarrow\sum\sqrt{c(a+b)+(a-b)^2}\geqslant 2\sqrt{2}$

平方后 $\Leftrightarrow\sum a^2+\sum\sqrt{[c(a+b)+(a-b)^2][a(b+c)+(b-c)^2]}\geqslant 4$

再由柯西不等式

$$\begin{aligned}&\sum\sqrt{[c(a+b)+(a-b)^2][a(b+c)+(b-c)^2]}\\\geqslant&\sum\sqrt{ac(a+b)(b+c)}+\sum(b-a)(b-c)\\\geqslant&\sum\sqrt{ac}(b+\sqrt{ac})+\sum(b-a)(b-c)\end{aligned}$$

下面只需证明：$\sum a^2+\sum a\sqrt{bc}\geqslant 2\sum ab$，由四次舒尔及均值不等式显然.

取等条件：$(\frac{2}{3},\frac{2}{3},\frac{2}{3})$ 和 $(1,1,0)$ 及其轮换.

例 3　(1) 已知：$a,b,c>0,a+b+c=1$，求证：$\sum\sqrt{\frac{a}{2}+\frac{b}{2}-ab}\geqslant\sqrt{2}$.

(2) 已知：$a,b,c>0,abc=1$，求证：$\sqrt{3a^2+4}+\sqrt{3b^2+4}+\sqrt{3c^2+4}\leqslant\sqrt{7}(a+b+c)$.

证明　(1) 原不等式 $\Leftrightarrow\sum\sqrt{ac+bc+a^2+b^2}\geqslant 2$.

平方 $\Leftrightarrow\sum\sqrt{(ac+bc+a^2+b^2)(bc+ba+a^2+c^2)}\geqslant\sum a^2+3\sum ab$

再平方$\Leftrightarrow\sum[5abc^2+3(a^3c+ac^3)+4b^2c^2+a^4]+$

$$\begin{aligned}&2\sum(ab+ac+b^2+c^2)\sqrt{(ac+bc+a^2+b^2)(bc+ba+a^2+c^2)}\\\geqslant&\sum a^4+11\sum a^2b^2+24\sum a^2bc+6\sum a^3(b+c)\\\Leftrightarrow&2\sum(ab+ac+b^2+c^2)\sqrt{(ac+bc+a^2+b^2)(bc+ba+a^2+c^2)}\\\geqslant&7\sum a^2b^2+19\sum a^2bc+3\sum a^3(b+c)\end{aligned}$$

由柯西不等式

$$\begin{aligned}&2\sum(ab+ac+b^2+c^2)\sqrt{(ac+bc+a^2+b^2)(bc+ba+a^2+c^2)}\\\geqslant&2\sum(ab+ac+b^2+c^2)(a^2+2bc+a\sqrt{bc})\end{aligned}$$

下面只需证

$$\begin{aligned}&\sum(ab+ac+b^2+c^2)(a^2+2bc+a\sqrt{bc})\\\geqslant&7\sum a^2b^2+19\sum a^2bc+3\sum a^3(b+c)\end{aligned}$$

$$\Leftrightarrow 3\sum a^3(b+c)+2\sum a^2(b+c)\sqrt{bc}+2\sum a(b^2+c^2)\sqrt{bc}$$
$$\geqslant 3\sum a^2b^2+11\sum a^2bc \qquad ①$$

注意到

$$2\sum a(b^2+c^2)\sqrt{bc}\geqslant \sum a(b+c)^2\sqrt{bc}\geqslant 2\sum a(b+c)bc=4\sum a^2bc$$
$$2\sum a^2(b+c)\sqrt{bc}\geqslant 4\sum a^2bc$$
$$\frac{3}{2}\sum a^3(b+c)\geqslant 3\sum a^2b^2$$
$$\frac{3}{2}\sum a^3(b+c)\geqslant 3\sum a^2bc$$

上面四个式子相加 ① 得证!

(2) 原不等式齐次化$\Leftrightarrow \sqrt{3x^6+4x^2y^2z^2}+\sqrt{3y^6+x^2y^2z^2}+$
$$\sqrt{3z^6+4x^2y^2z^2}$$
$$\leqslant\sqrt{7}(x^3+y^3+z^3)$$

由柯西不等式

$$\text{左边}=\sum x\sqrt{3x^4+4y^2z^2}\leqslant\sqrt{(x^2+y^2+z^2)\left(3\sum x^4+4\sum x^2y^2\right)}$$

下面只需证

$$7\left(\sum x^3\right)^2\geqslant(x^2+y^2+z^2)\left(3\sum x^4+4\sum x^2y^2\right)$$
$$\Leftrightarrow 4\sum x^6+14\sum x^3y^3$$
$$\geqslant 7\sum(x^4y^2+x^2y^4)+12x^2y^2z^2$$

由均值和三次舒尔不等式显然.

例 4 (1) 已知:$x,y,z\geqslant 0$,求证

$$\sum\sqrt{(x+y)(x+z)}\geqslant\sum x+\sqrt{3\sum xy}$$

(2) 已知:$x,y,z\geqslant 0,x^2+y^2+z^2=1,k\geqslant\frac{3}{2}$,求证:$\sum\sqrt{k-xy}\geqslant 3\sqrt{k-\frac{1}{3}}$.

证明 原不等式$\Leftrightarrow\sum\sqrt{(x+y)(x+z)}-\sum x\geqslant\sqrt{3\sum xy}$
$$\Leftrightarrow\sum(x+y)(x+z)+\left(\sum x\right)^2+$$

$$2\sum(x+y)\sqrt{(z+x)(z+y)}-$$
$$2\sum x\sum\sqrt{(x+y)(x+z)}\geqslant 3\sum xy$$
$$\Leftrightarrow\sum x^2+\sum xy\geqslant\sum x\sqrt{(x+y)(x+z)}$$

由均值不等式：

$$2\sum\sqrt{(x+y)(x+z)}=\sum x(x+y)+\sum x(x+z)$$
$$\geqslant 2\sum x\sqrt{(x+y)(x+z)}$$

证毕.

(2) 原不等式平方 $\Leftrightarrow 2\sum\sqrt{(k-xy)(k-yz)}\geqslant 6k-3+\sum xy$.

注意到：

$$\sqrt{(k-xy)(k-yz)}=\sqrt{(kx^2+ky^2+kz^2-xy)(kx^2+ky^2+kz^2-yz)}$$
$$=\sqrt{\begin{array}{l}\left[\frac{1}{2}(x-y)^2+(k-\frac{1}{2})x^2+(k-\frac{1}{2})y^2+(k-\frac{1}{2})z^2+\frac{1}{2}z^2\right]\cdot\\ \left[\frac{1}{2}(y-z)^2+(k-\frac{1}{2})y^2+(k-\frac{1}{2})z^2+(k-\frac{1}{2})x^2+\frac{1}{2}x^2\right]\end{array}}$$
$$\geqslant\frac{1}{2}(y-x)(y-z)+(k-\frac{1}{2})+\frac{1}{2}xz$$

所以

$$2\sum\sqrt{(k-xy)(k-yz)}\geqslant\sum[(y-x)(y-z)+(2k-1)+xz]$$
$$=6k-2\geqslant 6k-3+\sum xy$$

证毕.

例 5　(1) 已知：$x,y,z\geqslant 0,x+y+z=1,k\geqslant 0$，求证：

$$\sqrt{1+3k}\geqslant\sqrt{x^2+kx}+\sqrt{y^2+ky}+\sqrt{z^2+kz}\geqslant\sqrt{k+1}$$

(2) 已知：$a,b,c\geqslant 0,a+b+c=1$，求证：$\sum\sqrt{a+(b-c)^2}\geqslant\sqrt{3}$.

证明　(1) 右边平方 $\Leftrightarrow\sum x^2+k+2\sum\sqrt{(x^2+kx)(y^2+ky)}\geqslant k+1$

$$\Leftrightarrow\sum\sqrt{(x^2+kx)(y^2+ky)}\geqslant\sum xy$$

注意到：$\sqrt{(x^2+kx)(y^2+ky)}\geqslant xy$，上式显然成立，取等$(0,0,1)$.

左边等价 $\Leftrightarrow 2\sum\sqrt{(1+3k)x(x+k)}\leqslant 2+6k$.

由均值不等式：

$$2\sum\sqrt{(1+3k)x(x+k)}\leqslant\sum((1+3k)x+x+k)=2+6k$$

证毕.

(2) 两边平方 $\Leftrightarrow\sum\sqrt{(a+(b-c)^2)(b+(c-a)^2)}\geqslant3\sum ab$.

左式 $\geqslant\sum(\sqrt{ab}+(b-c)(a-c))=\sum a^2+\sum\sqrt{ab}-\sum ab$

下面只需证明:

$$\sum a^2+\sum\sqrt{ab}(a+b)+\sum c\sqrt{ab}\geqslant4\sum ab$$

均值不等式:

$$2\sum\sqrt{ab}(a+b)\geqslant2\sum\sqrt{ab}\,2\sqrt{ab}=4\sum ab$$

四次舒尔不等式:

$$\sum a^2+\sum c\sqrt{ab}\geqslant\sum\sqrt{ab}(a+b)$$

上面两式相加证毕.

【课后训练】

1. 已知:$x,y,z>0,\frac{1}{x+1}+\frac{1}{y+1}+\frac{1}{z+1}=2$,求证:$\sqrt{xy}+\sqrt{yz}+\sqrt{zx}\leqslant\frac{3}{2}$.

2. 已知:$a,b,c>0$,求证:$\sum\sqrt{ab(a+b)}\geqslant\sqrt{4abc+\prod(a+b)}$.

3. 已知:$a,b,c\geqslant0$,求证:$\frac{3}{2\sqrt{2}}\sum\sqrt{\frac{b+c}{a}}\geqslant\sum\frac{\sqrt{ab+4bc+4ca}}{a+b}\geqslant\frac{9}{2}$.

4. 已知:$a,b,c\geqslant0$,求最佳常数 k 使得

$$\sqrt{\left(\sum\frac{a}{b+c}\right)+k}\leqslant\sum\sqrt{\frac{a}{b+c}}\leqslant\sqrt{\left(\sum\frac{a}{b+c}\right)+k+1}$$

5. 已知:$a,b,c>0,a+b+c=3$,求证:

$$\sqrt{a+\sqrt{b^2+c^2}}+\sqrt{b+\sqrt{c^2+a^2}}+\sqrt{c+\sqrt{a^2+b^2}}\geqslant3\sqrt{\sqrt{2}+1}$$

第 14 章　齐次不等式的证明

> 科学绝不能不劳而获，除了汗流满面以外，没有其他获得的方法．热情、幻想，以整个身心去渴望，都不能代替劳动，世界上没有一种“轻易的科学”．
>
> —— 赫尔岑(俄国)

【知识梳理】

比如对于 $F(a,b,c)$，如果 $F(ka,kb,kc)=F(a,b,c)$，就称 F 是(零次)齐次的．对于齐次不等式，证明方法很多，一般假设 $a+b+c=s$，由于分式的齐次性，(a,b,c) 可转变为 $\left(\frac{a}{s},\frac{b}{s},\frac{c}{s}\right)$(分母的 s 由于齐次都可以消去)，这样即证明新的三元 $\left(\frac{a}{s},\frac{b}{s},\frac{c}{s}\right)$ 不等式，且满足 $\frac{a}{s}+\frac{b}{s}+\frac{c}{s}=1$，而事实上只要满足齐次性，可以设任何的轮换齐次式子为一常数．比如说：设 $ab+bc+ca=1$，设 $abc=1$ 甚至 $ba^2+cb^2+ac^2=1$ 都没有问题(只能设一种！)．

【例题讲解】

例 1　(1) 已知：$a,b,c>0$，求证：

$$\sqrt{abc}\left(\sum\sqrt{a}\right)+\left(\sum a\right)^2\geqslant 4\sqrt{3abc(a+b+c)}$$

(2) 已知：$x,y,z>0$，求证：

$$\frac{x}{x+\sqrt{(x+y)(x+z)}}+\frac{y}{y+\sqrt{(y+x)(y+z)}}+\frac{z}{z+\sqrt{(z+x)(z+y)}}\leqslant 1$$

证明　(1) 由条件 $a+b+c=1$，原不等式 $\Leftrightarrow\left(\sum\sqrt{a}\right)+\frac{1}{\sqrt{abc}}\geqslant 4\sqrt{3}$．

由均值不等式

$$左式=\sum\sqrt{a}+9\times\frac{1}{9\sqrt{abc}}\geqslant 12\sqrt[12]{\frac{\sqrt{abc}}{(\sqrt{abc})^{9}9^{9}}}\geqslant 4\sqrt{3}$$

证毕.

(2) 齐次的不妨设 $xy+yz+zx=1$,则

$$原不等式\Leftrightarrow\sum\frac{x}{x+\sqrt{x^{2}+1}}\leqslant 1$$

再作代换

$$x=\tan\frac{A}{2},y=\tan\frac{B}{2}$$

$$z=\tan\frac{C}{2}\Rightarrow\sum\frac{\tan\frac{A}{2}}{\tan\frac{A}{2}+\sec\frac{A}{2}}\leqslant 1\Leftrightarrow\sum\frac{\sin\frac{A}{2}}{\sin\frac{A}{2}+1}\leqslant 1$$

展开得

$$\sum\sin\frac{A}{2}\sin\frac{B}{2}+2\sin\frac{A}{2}\sin\frac{B}{2}\sin\frac{C}{2}\leqslant 1$$

注意到恒等式

$$\sum\cos^{2}\frac{B+C}{2}+2\prod\cos\frac{B+C}{2}=1$$

故只需证明

$$\sum\cos\frac{A+B}{2}\cos\frac{A+C}{2}\leqslant\sum\cos^{2}\frac{B+C}{2}$$

由柯西不等式可知这是显然的.

评注 齐次不等式可以添加一个条件,比如全对称的不等式我们可以设 $a+b+c=3$.

这是因为由于齐次,我们可以用 $\frac{3a}{a+b+c},\frac{3b}{a+b+c},\frac{3c}{a+b+c}$ 来代换 a,b,c,这样和变为 1.

例 2 (1) 已知:$x,y,z\geqslant 0,x+y+z=1$,求证

$$\sum\frac{1}{x+(1-y)(1-z)}\geqslant\frac{27}{7}$$

(2) 已知:a,b,c 是三角形三边长,$a+b+c=2$,求证:$a^{2}+b^{2}+c^{2}<2(1-abc)$.

证明 齐次化 $\Leftrightarrow\sum\frac{1}{x(x+y+z)+(x+z)(x+y)}\geqslant\frac{27}{7}$

$$\Leftrightarrow \sum \frac{1}{2x^2+2xy+2xz+yz} \geqslant \frac{27}{7}$$

由柯西不等式得

$$\sum \frac{1}{2x^2+2xy+2xz+yz} \geqslant \frac{9}{2\sum x^2+5\sum xy} = \frac{9}{2+\sum xy} \geqslant \frac{9}{2+\frac{1}{3}} = \frac{27}{7}$$

证毕.

(2) 齐次化:

原不等式

$$\Leftrightarrow 2\sum a\sum a^2 < \left(\sum a\right)^3 - 8abc$$

$$\Leftrightarrow 2\sum a^3 + 2\sum (a^2b+ab^2) < \sum a^3 + 3\sum (a^2b+ab^2) + 6abc - 8abc$$

$$\Leftrightarrow \sum a^3 + 2abc < \sum (a^2b+ab^2)$$

$$\Leftrightarrow (-a+b+c)(a-b+c)(a+b-c) > 0$$

由三角形三边不等式可得显然成立.

评注　非其次有约束条件的不等式我们可以利用条件将原式转化成齐次不等式.

例3　(1) 已知:$a,b,c \geqslant 0$,求证:$\sum \frac{a^2}{b+c} \geqslant \frac{3}{2}\sqrt[5]{\frac{a^5+b^5+c^5}{3}}$.

(2) 已知:$x,y,z>0$,求证:

$$(x^2+y^2+z^2)(x+y+z)^2$$
$$\geqslant 8(x^2y^2+y^2z^2+z^2x^2)+(x+y+z)xyz$$

证明　(1) 注意到:$\sum \frac{a^2}{b+c} = \sum \frac{(b+c-a)^2}{b+c} \geqslant \frac{\left[\sum (b+c-a)^2\right]^2}{\sum (b+c)(b+c-a)^2}$,后面展开证即可.

(2) 原不等式

$$\Leftrightarrow \sum x^4 + 2\sum x^2y^2 + 2\sum x^3(y+z) + 2\sum x^2yz \geqslant 8\sum x^2y^2 + \sum x^2yz$$

$$\Leftrightarrow \sum x^4 + 2\sum x^3(y+z) + \sum x^2yz \geqslant 6\sum x^2y^2$$

由四次舒尔不等式:原式左式 $\geqslant 3\sum x^3(y+z) \geqslant 6\sum x^2y^2$. 证毕.

评注　关于对称式展开

$$\prod(a^2+ab+b^2)=(4,2)+(4,1,1)+(3,3)+2(3,2,1)+3r^2$$

$$\prod(a^2-ab+b^2)=(4,2)-(4,1,1)-(3,3)+r^2$$

$$\sum a^2b\sum ab^2=(4,1,1)+(3,3,0)+3r^2$$

$$\left(\sum a^2b\right)^2=[4,2]+2[1,2,3]$$

$$\left(\sum ab^2\right)^2=[2,4]+2[3,2,1]$$

$$(2,1)^2=(4,2)+2(4,1,1)+2(3,3)+2(3,2,1)+6r^2$$

$$(a+b+c)^2(a^2+b^2+c^2)=(4)+2(3,1)+2(2,2)+2(2,1,1)$$

$$(a+b+c)^2(ab+bc+ca)=(3,1)+2(2,2)+5(2,1,1)$$

$$\sum x^a\sum(x^by^c+x^cy^b)=\sum_{sym}x^{a+b}y^c+\sum_{sym}x^by^{a+c}+\sum_{sym}x^by^cz^a$$

$$\left[\sum x^3+\sum(x^2y+xy^2)+3xyz\right]^2$$
$$=(6)+2(5,1)+3(4,2)+8(4,1,1)+4(3,3)+10(3,2,1)+15r^2$$

$$\left(\sum(a^2b+ab^2)+2abc\right)^2$$
$$=(4,2)+2(4,1,1)+2(3,3)+6(3,2,1)+10r^2$$

$$\prod(px+qy+rz)=(pqr)\sum x^3+(p^2q+q^2r+r^2p)\sum x^2y+$$
$$(pq^2+qr^2+rp^2)\sum xy^2+$$
$$(p^3+q^3+r^3+3pqr)xyz$$

$$\sum ab(ab-bc)(ab-ca)\geqslant 0\Leftrightarrow\sum a^3b^3+3a^2b^2c^2\geqslant\sum(a^3b^2c+a^3bc^2)$$

$$36[(a+b+c)^2-ac][(a+b+c)^2-ab]-$$
$$(6a^2+5b^2+5c^2+14bc+9ab+9ac)^2$$
$$=(3a^2+11b^2+11c^2+26bc+18ab+18ac)(b-c)^2$$

注 有时我们还可以把约束条件型非齐次不等式先转换成齐次不等式，然后从新设定一个约束条件.

例 4 (1) 已知：$a,b,c>0$，求证：$\sum\frac{a^3}{bc}\geqslant\sum a$.

(2) 已知：$a,b,c>0$，求证：

$$\sum\frac{ab}{c(c+a)}\geqslant\sum\frac{a}{c+a}$$

(3) 已知：$a,b,c>0,abc=1$，求证：$a^3+b^3+c^3\geqslant ab+bc+ca$.

证明　(1) 注意到：$\frac{a^3}{bc}+\frac{a^3}{bc}+\frac{b^3}{ca}+\frac{c^3}{ab}\geqslant 4\sqrt[4]{a^4}=4a$，两边求和即为原不等式.

(2) 原不等式展开为

$$\sum a^3b^3+\sum a^2b^4\geqslant 3a^2b^2c^2+\sum a^2b^3c$$

注意到：$\sum a^3b^3\geqslant 3a^2b^2c^2$，下面只需证明 $\sum a^2b^4\geqslant\sum a^2b^3c$.

又有 $\frac{2}{3}a^2b^4+\frac{1}{6}b^2c^4+\frac{1}{6}c^2a^4\geqslant a^2b^3c$，求和证毕.

(3)$a^3+b^3+c^3=\sum(\frac{4}{9}a^3+\frac{4}{9}b^3+\frac{1}{9}c^3)\geqslant\sum a^{\frac{4}{3}}b^{\frac{4}{3}}c^{\frac{1}{3}}=ab+bc+ca$.

证毕.

评注　三元齐次轮换的大小判定充要条件是

$$a,b,c\geqslant 0,x,y,p,q,r\geqslant 0,x+y=p+q+r$$

$$\sum_{\text{cyc}}a^xb^y\geqslant\sum_{\text{cyc}}a^pb^qc^r$$

的充要条件是

$$(\frac{q}{x}+\frac{p}{y}-1);(\frac{r}{x}+\frac{q}{y}-1);(\frac{p}{x}+\frac{r}{y}-1)\geqslant 0 \qquad ①$$

首先 $\frac{q}{x}+\frac{p}{y}\geqslant 1\Leftrightarrow px^2+qy^2\geqslant rxy$，因为

$$px^2+qy^2-rxy=xy(x+y)(\frac{p}{y}+\frac{q}{x}-1)$$

而且 ① 中不能有两个小于 0，反证：

$$\frac{q}{x}+\frac{p}{y}\leqslant 1,\frac{r}{x}+\frac{q}{y}\leqslant 1\Leftrightarrow px^2+qy^2-rxy\leqslant 0$$

$$qx^2+ry^2-pxy\leqslant 0\Rightarrow r\geqslant\frac{y}{x}q+\frac{x}{y}p\geqslant\frac{y}{x}q+\frac{x}{y}\left(\frac{x}{y}q+\frac{y}{x}r\right)>r$$

矛盾.

下证原命题：

若式 ① 成立，设 $u=\frac{px^2+qy^2-rxy}{x^3+y^3}$，$v=\frac{qx^2+ry^2-pxy}{x^3+y^3}$，$r=\frac{rx^2+py^2-qxy}{x^3+y^3}$，则 $u,v,w\geqslant 0\Rightarrow ua^xb^y+vb^xc^y+wc^xa^y\geqslant a^pb^qc^r$，三式相加就是原不等式.

若 ① 不成立，不妨$\frac{q}{x}+\frac{p}{y}<1$，取 $n=xy-px-qy$；$a=3^{\frac{|x-y|}{n}}$，$b=3^{\frac{x}{n}}$，$c=1$，原不等式反向.

例 5 (1) 已知 $a,b,c>0$，$abc=1$，求证：

(a) $\sum(a^2b+ab^2)+\sum a^2-\sum a-\sum ab-3\geqslant 0$；

(b) $2\sum a^2b+\sum a^2-\sum a-\sum ab-3\geqslant 0$.

(2) 已知：$a,b,c>0$，求证：$\prod\left(\frac{b^2c+abc}{a^3+abc}+1\right)\geqslant 8$.

(3) 已知：$a,b,c>0$，$abc=1$，求证：

$$\sum\sqrt{\frac{a+b}{a+1}}\geqslant 3$$

解 (1)(a) 当 $a,b,c>0$，$abc=1$ 时有

$$2\sum(a^2b+ab^2)+\sum ab=\sum(a^2b+a^2b+a^2c+a^2c+bc)$$
$$\geqslant 5\sum\sqrt[5]{a^8b^3c^3}=5\sum a$$
$$2\sum(a^2b+ab^2)+\sum a=\sum(a^2b+a^2b+ab^2+ab^2+c)$$
$$\geqslant 5\sum\sqrt[5]{a^6b^6c}=5\sum ab$$

两式相加得

$$\sum(a^2b+ab^2)\geqslant\sum a+\sum ab$$

故有

$$\sum(a^2b+ab^2)+\sum a^2-\sum a-\sum ab-3\geqslant\sum a^2-3\geqslant 0$$

证毕.

(b) 只需证明

$$\sum a^2b\geqslant 3,\sum a^2\geqslant\sum a,\sum a^2b\geqslant\sum ab$$

前两个易证，第三个注意到：

$$3\sum a^2b=\sum(a^2b+a^2b+b^2c)\geqslant 3\sum\sqrt[3]{a^4b^4c}$$
$$=3\sum ab\Leftrightarrow\sum a^2b\geqslant\sum ab$$

证毕.

(2) 原不等式 $\Leftrightarrow\prod\left(\frac{\frac{b}{a}+1}{\frac{a^2}{bc}+1}+1\right)\geqslant 8$.

令 $x=\frac{b}{a},y=\frac{c}{b},z=\frac{a}{c}$，则

$$xyz=1\Leftrightarrow\prod(x^2+2x+y)\geqslant 8\prod(x+y)$$

$$\Leftrightarrow 4\sum x+2\sum xy+2\sum x^2y^2+2\sum x^3y+\sum x^3y^2+\sum xy^3$$

$$\geqslant 6+4\sum x^3y+6\sum xy^2$$

$$\Leftrightarrow 2\sum xy(x-1)^2+\sum xy(y-1)^2+\sum x(xy-1)^2+$$

$$3\sum x+2\sum x^2y^2+2\sum x^2y$$

$$\geqslant 6+4\sum x^3y+6\sum xy^2$$

由均值不等式得

$$\sum xy(x-1)^2+\sum xy(y-1)^2$$

$$\geqslant 2\sum xy(x-1)(1-y)=-2\sum x^2y^2+2\sum x^2y+2\sum xy^2-2\sum xy$$

$$\sum yz(y-1)^2+\sum x(xy-1)^2$$

$$\geqslant 2\sum(y-1)(xy-1)=2\sum xy^2-2\sum xy-2\sum y+6$$

下面只需证

$$4\sum x^2z+\sum x\geqslant 5\sum xy$$

由均值不等式

$$\sum(xy^2+xy^2+zx^2+xy)$$

$$\geqslant 4\sum\sqrt[4]{x^5y^5z}=4\sum xy\Leftrightarrow\sum xy^2\geqslant\sum xy$$

故有

$$\text{左式}=\left(\sum x^2z+\sum z\right)+3\sum x^2z\geqslant 5\sum xy$$

证毕.

(3) 左边均值后只需证明：

$$\prod(a+b)\geqslant\prod(a+1)\Leftrightarrow\sum(a^2b+ab^2)\geqslant\sum a+\sum ab$$

注意到

$$2(2,1)+p=\sum(a^2b+ab^2+a^2b+ab^2+c)$$

$$\geqslant 5\sum\sqrt[5]{a^6b^6c}=5\sum ab$$

$$2(2,1)+q=\sum(a^2b+a^2b+a^2c+a^2c+bc)\geqslant 5\sum\sqrt[5]{a^8b^3c^3}=5\sum a$$

所以

$$4(2,1)+p+q\geqslant 5p+5q\Rightarrow(2,1)\geqslant p+q$$

证毕.

评注 三元轮换齐次不等式都可以写成 $abc=1$ 的形式,$abc=1$ 时 $\sum a$ 和 $\sum ab$ 地位相同$\left(一个是\sum\frac{x}{y},一个是\sum\frac{y}{x}\right)$.

$\sum a^2b=\sum\frac{x^2}{yz}$,$\sum ab^2=\sum\frac{xy}{z^2}$ 地位相同(分别是 $\sum x^4yz$,$\sum x^3y^3$,比较不出大小).

常见的比较:

$$\sum ab^2\geqslant\sum a$$

$$\sum ab^2\geqslant\sum ab$$

$$3\sum a^2b=\sum(a^2b+a^2b+c^2a)\geqslant 3\sum a$$

同理

$$\sum ab^2\geqslant\sum a,2\sum a^2b\geqslant\sum a^2b+\sum b\geqslant 2\sum ab$$

减记

$$\sum a^2b,\sum ab^2\geqslant\sum ab,\sum a$$

一个常见小技巧($abc=1$):

$$3+\sum a^2\geqslant 2\sum ab,3=\frac{9abc}{3}\geqslant\frac{9abc}{a+b+c}\geqslant 2\sum ab-\sum a^2$$

【课外训练】

1.(1) 已知:$a,b,c\in\mathbf{R}$,$a^2+b^2+c^2=2$,求证:$|a^3+b^3+c^3-abc|\leqslant 2\sqrt{2}$.

(2) 已知:$x,y,z>0$,$x+y+z=\sqrt{xyz}$,求证:$xy+yz+zx\geqslant 9(x+y+z)$.

2.(1) 已知:$a+b+c=1$,$a,b,c>0$,求证:$a^2+b^2+c^2+2\sqrt{3abc}\leqslant 1$.

(2) 已知:$x,y,z>0,x+y+z=1$,求证:$0\leqslant xy+yz+zx-2xyz\leqslant\frac{7}{27}$.

3.(1) 已知:$x,y,z>0,x+y+z=1$,求证:$(1+x)(1+y)(1+z)\geqslant(1-x^2)^2+(1-y^2)^2+(1-z^2)^2$.

(2) 已知:$x,y,z>0,xy+yz+zx=1$,求证:

$$x(1-y^2)(1-z^2)+y(1-x^2)(1-z^2)+z(1-x^2)(1-y^2)\leqslant\frac{4\sqrt{3}}{9}$$

4.(1) 已知:$a,b,c>0,abc=1$,求证:$\frac{a+b+c}{3}\geqslant\sqrt[5]{\frac{a^2+b^2+c^2}{3}}$.

(2) 已知:$a,b,c>0,\sum a=1$,求证:$10\sum a^3-9\sum a^5>1$.

5.(1) 已知:$x,y,z\geqslant0,x+y+z=1$,求证:$\frac{9}{4}\geqslant\sum\frac{x}{(1-y)(1-z)}\geqslant2$.

(2) 已知:$x,y,z>0$,求证:$\frac{x}{y+z}+\frac{y}{z+x}+\frac{z}{x+y}\geqslant\sqrt{4-\frac{14xyz}{\prod(x+y)}}$.

第 15 章　运用放缩技巧证明不等式

我们最好把自己的生命看作前人生命的延续，是现在共同生命的一部分，同时也是后人生命的开端. 如此延续下去，科学就会一天比一天灿烂，社会就会一天比一天更美好.

—— 华罗庚（中国）

【知识梳理】

在用放缩法证明不等式$A\leqslant B$时，我们找一个（或多个）中间量C作比较，即若能断定 $A\leqslant C$ 与 $C\leqslant B$ 同时成立，那么 $A\leqslant B$ 显然正确. 所谓的“放”即把 A 放大到C，再把 C 放大到 B，反之，所谓的“缩”即由 B 缩到 C，再把 C 缩到 A. 同时在放缩时必须时刻注意放缩的跨度，放不能过头，缩不能不及.

【例题分析】

例 1　设 a,b,c 是三角形的边长，求证：

$$\frac{a}{b+c-a}+\frac{b}{c+a-b}+\frac{c}{a+b-c}\geqslant 3$$

证明　由不等式的对称性，不妨设 $a\geqslant b\geqslant c$，则 $b+c-a\leqslant c+a-b\leqslant a+b-c$ 且 $2c-a-b\leqslant 0$，$2a-b-c\geqslant 0$. 所以

$$\begin{aligned}&\frac{a}{b+c-a}+\frac{b}{c+a-b}+\frac{c}{a+b-c}-3\\&=\frac{a}{b+c-a}-1+\frac{b}{c+a-b}-1+\frac{c}{a+b-c}-1\\&=\frac{2a-b-c}{b+c-a}+\frac{2b-a-c}{c+a-b}+\frac{2c-a-b}{a+b-c}\\&\geqslant\frac{2a-b-c}{c+a-b}+\frac{2b-c-a}{c+a-b}+\frac{2c-a-b}{c+a-b}=0\end{aligned}$$

所以

$$\frac{a}{b+c-a}+\frac{b}{c+a-b}+\frac{c}{a+b-c}\geqslant 3$$

评注　本题中为什么要将 $b+c-a$ 与 $a+b-c$ 都放缩为 $c+a-b$ 呢？这是因为 $2c-a-b\leqslant 0$，$2a-b-c\geqslant 0$，而 $2b-a-c$ 无法判断符号，因此 $\frac{2b-a-c}{c+a-b}$ 无法放缩．所以在运用放缩法时要注意放缩能否实现及放缩的跨度．

例 2　设 a,b,c 是三角形的边长，求证：

$$\frac{a}{b+c}(b-c)^2+\frac{b}{c+a}(c-a)^2+\frac{c}{a+b}(a-b)^2$$

$$\geqslant \frac{1}{3}[(a-b)^2+(b-c)^2+(c-a)^2]$$

证明　由不等式的对称性，不防设 $a\geqslant b\geqslant c$，则

$$3a-b-c>0,3b-c-a\geqslant b+c+c-c-a=b+c-a>0$$

$$\begin{aligned}左式-右式&=\frac{3a-b-c}{b+c}(b-c)^2+\frac{3b-c-a}{a+c}(c-a)^2+\\&\quad\frac{3c-a-b}{a+b}(a-b)^2\\&\geqslant\frac{3b-c-a}{a+b}(c-a)^2+\frac{3c-a-b}{a+b}(a-b)^2\\&\geqslant\frac{3b-c-a}{a+b}(a-b)^2+\frac{3c-a-b}{a+b}(a-b)^2\\&=\frac{2(b+c-a)}{a+b}(a-b)^2\geqslant 0\end{aligned}$$

评注　本题中放缩法的第一步“缩”了两个式子，有了一定的难度．由例 1、例 2 也可知运用放缩法前先要观察目标式子的符号．

例 3　设 $a,b,c\in\mathbf{R}_+$ 且 $abc=1$，求证

$$\frac{1}{1+a+b}+\frac{1}{1+b+c}+\frac{1}{1+c+a}\leqslant 1$$

证明　设 $a=x^3,b=y^3,c=z^3$．且 $x,y,z\in\mathbf{R}_+$．由题意得：$xyz=1$．

所以

$$1+a+b=xyz+x^3+y^3$$

所以

$$x^3+y^3-(x^2y+xy^2)=x^2(x-y)+y^2(y-x)$$
$$=(x-y)^2(x+y)\geqslant 0$$

所以

$$x^3+y^3\geqslant x^2y+xy^2$$

所以

$$1+a+b=xyz+x^3+y^3$$
$$\geqslant xyz+xy(x+y)$$
$$=xy(x+y+z)$$

所以

$$\frac{1}{1+a+b}\leqslant\frac{1}{xy(x+y+z)}=\frac{z}{x+y+z}$$

同理:由对称性可得

$$\frac{1}{1+b+c}\leqslant\frac{x}{x+y+z},\frac{1}{1+c+a}\leqslant\frac{y}{x+y+z}$$

所以命题得证.

评注 本题运用了排序不等式进行放缩,后用对称性.

例 4 设 $a,b,c\geqslant 0$,且 $a+b+c=3$,求证:$a^2+b^2+c^2+\frac{3}{2}abc\geqslant\frac{9}{2}$.

证明 不妨设 $a\leqslant b\leqslant c$,则 $a\leqslant 1<\frac{4}{3}$,所以 $a-\frac{4}{3}<0$.

又因为$\left(\frac{a+b}{2}\right)^2\geqslant bc$,即$\left(\frac{3-a}{2}\right)^2\geqslant bc$,也即

$$\frac{3}{2}bc\left(a-\frac{4}{3}\right)\geqslant\frac{3}{8}(3-a)^2\left(a-\frac{4}{3}\right)$$

所以

$$左边=(a+b+c)^2-2(ab+bc+ca)+\frac{3}{2}abc$$
$$=9-2a(b+c)+\frac{3}{2}bc\left(a-\frac{4}{3}\right)$$
$$\geqslant 9-2a(3-a)+\frac{3}{8}(3-a)^2\left(a-\frac{4}{3}\right)$$
$$=9+\frac{3}{8}(3-a)\left[(3-a)\left(a-\frac{4}{3}\right)-\frac{16}{3}a\right]$$
$$=9-\frac{3}{8}(3-a)(a^2+4)$$

$$=9-\frac{3}{8}(-a^3+2a^2-a+12)$$

$$=\frac{9}{2}+\frac{3}{8}a(a^2-2a+1)$$

$$=\frac{9}{2}+\frac{3}{8}a\,(a-1)^2\geqslant\frac{9}{2}$$

所以

$$a^2+b^2+c^2+\frac{3}{2}abc\geqslant\frac{9}{2}$$

评注　本题运用对称性确定符号，在使用基本不等式时可以避开讨论.

例 5　设 $a,b,c\in\mathbf{R}_+$，$p\in\mathbf{R}$，求证：

$$abc(a^p+b^p+c^p)\geqslant a^{p+2}(-a+b+c)+b^{p+2}(a-b+c)+c^{p+2}(a+b-c)$$

证明　不妨设 $a\geqslant b\geqslant c>0$，于是

$$\begin{aligned}左边-右边&=a^{p+1}(bc+a^2-ab-ca)+b^{p+1}(ca+b^2-bc-ab)+\\&\quad c^{p+1}(ab+c^2-ca-bc)\\&=a^{p+1}(a-b)[(a-b)+(b-c)]-b^{p+1}(a-b)(b-c)+\\&\quad c^{p+1}[(a-b)+(b-c)](b-c)\\&=a^{p+1}\,(a-b)^2+(a-b)(b-c)(a^{p+1}-b^{p+1}+c^{p+1}\,(b-c)^2\\&\geqslant(a-b)(b-c)(a^{p+1}-b^{p+1}+c^{p+1})\end{aligned}$$

如果 $p+1\geqslant 0$，那么 $a^{p+1}-b^{p+1}\geqslant 0$；如果 $p+1<0$，那么 $c^{p+1}-b^{p+1}\geqslant 0$，故有

$$(a-b)(b-c)(a^{p+1}-b^{p+1}+c^{p+1})\geqslant 0$$

从而原不等式得证.

评注　放缩法是证明不等式的重要方法之一，在证明的过程如何合理放缩，是证明的关键所在.

【课外训练】

1. 已知 $a,\ b,\ c\in\mathbf{R}_+$，求证：$a+b+c-3\sqrt[3]{abc}\geqslant a+b-2\sqrt{ab}$.
2. 若 $a<x<1$，比较大小：$|\log_a(1-x)|$ 与 $|\log_a(1+x)|$.
3. 已知实数 $a,\ b,\ c$ 满足 $0<a\leqslant b\leqslant c\leqslant\frac{1}{2}$，求证：$\frac{2}{c(1-c)}\leqslant\frac{1}{a(1-b)}+$

$\dfrac{1}{b(1-a)}$.

4. 设 $0 \leqslant a \leqslant b \leqslant c \leqslant 1$,求证:

$$\frac{a}{b+c+1}+\frac{b}{c+a+1}+\frac{c}{a+b+1}+(1-a)(1-b)(1-c) \leqslant 1$$

5. 设 $a, b, c \in \mathbf{R}_+$,求证:对任意实数 x, y, z,有

$$x^2+y^2+z^2 \geqslant 2\sqrt{\frac{abc}{(a+b)(b+c)(c+a)}} \cdot \left(\sqrt{\frac{a+b}{c}}xy+\sqrt{\frac{b+c}{a}}yz+\sqrt{\frac{c+a}{b}}xz\right)$$

第16章　运用权方和不等式证题

研究历史能使人聪明；研究诗歌能使人机智；研究数学能使人精巧；研究道德学能使人勇敢；研究理论与修辞学能使人知足.

—— 培根（英国）

【知识要点】

权方和不等式：设 $a_i, b_i > 0, p \geqslant q+1 > 1$，则有

$$\sum_{i=1}^{n} \frac{a_i^p}{b_i^q} \geqslant \frac{n^{q-p+1}\left(\sum_{i=1}^{n} a_i\right)^p}{\left(\sum_{i=1}^{n} b_i\right)^q}$$

特别地

$$\sum_{i=1}^{n} \frac{a_i^{q+1}}{b_i^q} \geqslant \frac{\left(\sum_{i=1}^{n} a_i\right)^{q+1}}{\left(\sum_{i=1}^{n} b_i\right)^q}$$

【解题分析】

例1　设 $a, b, c > 0$，且 $abc = 1$，求证：

$$\frac{1}{a^5(b+2c)^2} + \frac{1}{b^5(c+2a)^2} + \frac{1}{c^5(a+2b)^2} \geqslant \frac{1}{3}$$

证明　作代换 $a = \frac{1}{x}, b = \frac{1}{y}, c = \frac{1}{z}$，则原命题化为：$xyz = 1$ 和

$$\frac{x^5 y^2 z^2}{(z+2y)^2} + \frac{y^5 x^2 z^2}{(x+2z)^2} + \frac{z^5 x^2 y^2}{(y+2x)^2}$$

$$\geqslant \frac{1}{3} \Leftrightarrow \frac{x^3}{(z+2y)^2}+\frac{y^3}{(x+2z)^2}+\frac{z^3}{(y+2x)^2} \geqslant \frac{1}{3}$$

$$\Leftarrow \frac{(x+y+z)^3}{(z+2y+x+2z+y+2x)^2} \geqslant \frac{1}{3}$$

$$\Leftarrow \frac{x+y+z}{9} \geqslant \frac{1}{3} \Leftarrow \frac{3\sqrt[3]{xyz}}{9} \geqslant \frac{1}{3}$$

评注　通过换元,转化成权方和不等式的形式,巧妙地运用权方和不等式.

例 2　设 a,b,c,d 是满足 $ab+bc+cd+da=1$ 的非负数,求证:

$$\frac{a^3}{b+c+d}+\frac{b^3}{a+c+d}+\frac{c^3}{a+b+d}+\frac{d^3}{a+b+c} \geqslant \frac{1}{3}$$

证明　左边$=\frac{a^4}{a(b+c+d)}+\frac{b^4}{b(a+c+d)}+\frac{c^4}{c(a+b+d)}+\frac{d^4}{d(a+b+c)}$

$$\geqslant \frac{(a^2+b^2+c^2+d^2)^2}{(2ab+2bc+2bd+2cd+2ac+2ad)}$$

$$\geqslant \frac{(a^2+b^2+c^2+d^2)^2}{3(a^2+b^2+c^2+d^2)}$$

$$\geqslant \frac{a^2+b^2+c^2+d^2}{3}$$

$$=\frac{(a^2+b^2)+(b^2+c^2)+(c^2+d^2)+(d^2+a^2)}{6} \geqslant 1$$

评注　分式不等式,有时运用权方和不等式也许是极佳的方法.

例 3　设 $m \geqslant 1$ 和 $x_k(k=1,2,\cdots,n)$,且 $\sum_{k=1}^{n} x_k = A$,求证:

$$\sum_{k=1}^{n}(x_k+\frac{1}{x_k})^m \geqslant n(\frac{A}{n}+\frac{n}{A})^m$$

证明　$$左边=\sum_{k=1}^{n}\frac{(x_k+\frac{1}{x_k})^m}{1^{m-1}} \geqslant \frac{\left[\sum_{k=1}^{n}(x_k+\frac{1}{x_k})\right]^m}{(\sum_{k=1}^{n}1)^{m-1}}$$

$$=\frac{\left(A+\sum_{k=1}^{n}\frac{1}{x_k}\right)^m}{n^{m-1}} \geqslant \frac{n\left(A+\frac{n^2}{\sum_{k=1}^{n}x_k}\right)^m}{n^m}$$

$$=\frac{n(A+\frac{n^2}{A})^m}{n^m}=n\left(\frac{A}{n}+\frac{n}{A}\right)^m$$

评注　运用权方和不等式，可以巧妙地解决很多 n 元分式不等式问题.

例 4　(1) 已知：$a,b,c>0,a^2+b^2+c^2=1$，求证：$\sum\frac{1}{1-ab}\leqslant\frac{9}{2}$.

(2) 已知：$a_k>0,\sum\limits_{k=1}^{n}a_k^2=n,k\in\mathbf{N}^*$，求证：$\sum\limits_{1\leqslant i<j\leqslant n}\frac{1}{n-a_ia_j}\leqslant\frac{n}{2}$.

证明　(1) 原不等式 $\Leftrightarrow\sum\frac{ab}{1-ab}\leqslant\frac{3}{2}$. 注意到：

$$\sum\frac{ab}{1-ab}\leqslant\sum\frac{ab}{1-\frac{a^2+b^2}{2}}=\sum\frac{2ab}{a^2+b^2+2c^2}$$

$$\leqslant\frac{1}{2}\sum\frac{(a+b)^2}{a^2+b^2+2c^2}$$

$$\leqslant\frac{1}{2}\sum\frac{a^2}{a^2+c^2}+\frac{1}{2}\sum\frac{b^2}{b^2+c^2}=\frac{3}{2}$$

证毕.

(2) 原不等式 $\Leftrightarrow\sum\limits_{i\neq j}\frac{a_ia_j}{n-a_ia_j}\leqslant n$，由均值只需证明：

$$\Leftrightarrow\sum_{i\neq j}\frac{(a_i+a_j)^2}{2a_1^2+2a_2^2+\cdots+a_j^2+\cdots+a_i^2+\cdots+2a_n^2}\leqslant 2n$$

再由柯西不等式：

$$\sum_{i\neq j}\frac{(a_i+a_j)^2}{2a_1^2+2a_2^2+\cdots+a_j^2+\cdots+a_i^2+\cdots+2a_n^2}\leqslant\sum_{i\neq j}\left(\frac{a_j^2}{\sum\limits_{l\neq i}a_l^2}+\frac{a_i^2}{\sum\limits_{l\neq j}a_l^2}\right)$$

$$=\sum_{i\neq j}\left(\frac{a_j^2}{\sum\limits_{l\neq i}a_l^2}\right)+\sum_{i\neq j}\left(\frac{a_i^2}{\sum\limits_{l\neq j}a_l^2}\right)=\sum_{i=1}^{n}\sum_{j\neq i}\frac{a_j^2}{\sum\limits_{l\neq i}a_l^2}+\sum_{j=1}^{n}\sum_{i\neq j}\frac{a_i^2}{\sum\limits_{l\neq j}a_l^2}=2n$$

证毕.

评注　有时权方和不等式与柯西不等式结合一起使用，以便获得不等式的证明.

例 5　已知：$a,b,c>0,a^2+b^2+c^2=3$，求证：$\sum\frac{(b+c)^2}{a^a+1}\leqslant 6$.

证明　引理：$x^x\geqslant\frac{1}{2}(x^2+1)(x\geqslant 0)$.

引理的证明：记

$$f(x)=x^{x}-\frac{1}{2}(x^{2}+1),f'(x)=\mathrm{e}^{x\ln x}(1+\ln x)-x$$

注意到：$x-1\geqslant \ln x\geqslant \frac{x-1}{x},\frac{1}{1-x}\geqslant \mathrm{e}^{x}\geqslant x+1$（左边需要 $0\leqslant x\leqslant 1$ 求导易证）.

若 $x\geqslant 1\Rightarrow \mathrm{e}^{x\ln x}(1+\ln x)\geqslant \mathrm{e}^{x-1}(\frac{2x-1}{x})\geqslant 2x-1\geqslant x$.

若 $x\leqslant 1\Rightarrow \mathrm{e}^{x\ln x}(1+\ln x)\leqslant \mathrm{e}^{x(x-1)}x\leqslant \frac{x}{1+x-x^{2}}\leqslant x$.

综上说明：$f(x)$ 在$[0,1]$减，在$[1,+\infty)$增：$f(x)\geqslant f(1)=0$.

回到原题：

$$\sum \frac{(b+c)^{2}}{a^{a}+1}\leqslant \sum \frac{2\ (b+c)^{2}}{a^{2}+3}=2\sum \frac{(b+c)^{2}}{2a^{2}+b^{2}+c^{2}}$$

$$\leqslant 2\sum \left(\frac{b^{2}}{a^{2}+b^{2}}+\frac{c^{2}}{a^{2}+c^{2}}\right)=6$$

证毕.

评注　有些不等式的证明，需要运用引理，先找到一些小的结论，以帮忙本题的解决.

【课外训练】

1. 已知：$a,b>0,a+b=1$，求证：$\frac{a^{2}}{a+1}+\frac{b^{2}}{b+1}\geqslant \frac{1}{3}$.

2. 已知：$a^{2}+b^{2}+c^{2}=3,a,b,c>0$，求证：$\sum \frac{1}{1+ab}\geqslant \frac{3}{2}$.

3. 已知：$a,b,c,d>0$，求证：$\frac{a+c}{a+b}+\frac{b+d}{b+c}+\frac{a+c}{c+d}+\frac{b+d}{d+a}\geqslant 4$.

4. 已知：$a,b,c>0$，求证：$\frac{a}{2+a^{2}+b^{2}}+\frac{b}{2+b^{2}+c^{2}}+\frac{c}{2+c^{2}+a^{2}}\leqslant \frac{3}{4}$.

5. 已知：$a,b,c>0,k>0$，求证：$\sum \frac{a}{ka+\sqrt{b^{2}-bc+c^{2}}}\leqslant \frac{3}{k+1}$.

第 17 章　构造函数法证明不等式

> 把简单的事情考虑得很复杂，可以发现新领域；把复杂的现象看得很简单，可以发现新定律.
>
> ——牛顿(英国)

【知识要点】

构造辅助函数，把不等式的证明转化为利用导数研究函数的单调性或求最值，从而证得不等式，而如何根据不等式的结构特征构造一个可导函数是用导数证明不等式的关键.

【例题讲解】

例 1　已知函数 $f(x)=\ln(x+1)-x$，求证：当 $x>-1$ 时，恒有

$$1-\frac{1}{x+1}\leqslant \ln(x+1)\leqslant x$$

证明　本题是双边不等式，其右边直接从已知函数证明，左边构造函数

$$g(x)=\ln(x+1)+\frac{1}{x+1}-1$$

从其导数入手即可证明.

$$f'(x)=\frac{1}{x+1}-1=-\frac{x}{x+1}$$

所以当 $-1<x<0$ 时，$f'(x)>0$，即 $f(x)$ 在 $x\in(-1,0)$ 上为增函数.

当 $x>0$ 时，$f'(x)<0$，即 $f(x)$ 在 $x\in(0,+\infty)$ 上为减函数.

故函数 $f(x)$ 的单调递增区间为 $(-1,0)$，单调递减区间为 $(0,+\infty)$.

于是函数 $f(x)$ 在 $(-1,+\infty)$ 上的最大值为 $f(x)_{\max}=f(0)=0$，因此，当 $x>-1$ 时，$f(x)\leqslant f(0)=0$，即 $\ln(x+1)-x\leqslant 0$，所以 $\ln(x+1)\leqslant x$ (右

面得证),现证左面,令 $g(x)=\ln(x+1)+\frac{1}{x+1}-1$,则

$$g'(x)=\frac{1}{x+1}-\frac{1}{(x+1)^2}=\frac{x}{(x+1)^2}$$

当 $x\in(-1,0)$ 时,$g'(x)<0$;当 $x\in(0,+\infty)$ 时,$g'(x)>0$,即 $g(x)$ 在 $x\in(-1,0)$ 上为减函数,在 $x\in(0,+\infty)$ 上为增函数,故函数 $g(x)$ 在 $(-1,+\infty)$ 上的最小值为 $g(x)_{\min}=g(0)=0$,所以,当 $x>-1$ 时,$g(x)\geqslant g(0)=0$,即

$$\ln(x+1)+\frac{1}{x+1}-1\geqslant 0$$

所以 $\ln(x+1)\geqslant 1-\frac{1}{x+1}$,综上可知,当 $x>-1$ 时,有

$$\frac{1}{x+1}-1\leqslant \ln(x+1)\leqslant x$$

评注 如果 $f(a)$ 是函数 $f(x)$ 在区间上的最大(小)值,则有 $f(x)\leqslant f(a)$(或 $f(x)\geqslant f(a)$),那么要证不等式,只要求函数的最大值不超过 0 就可得证.

例 2 已知函数 $f(x)=\frac{1}{2}x^2+\ln x$. 求证:在区间$(1,+\infty)$上,函数 $f(x)$ 的图像在函数 $g(x)=\frac{2}{3}x^3$ 的图像的下方.

证明 函数 $f(x)$ 的图像在函数 $g(x)$ 的图像的下方 $\Leftrightarrow$ 不等式 $f(x)<g(x)$ 问题,即$\frac{1}{2}x^2+\ln x<\frac{2}{3}x^3$,只需证明在区间$(1,+\infty)$上,恒有$\frac{1}{2}x^2+\ln x<\frac{2}{3}x^3$ 成立,设 $F(x)=g(x)-f(x)$,$x\in(1,+\infty)$,考虑到 $F(1)=\frac{1}{6}>0$.

要证不等式转化变为:当 $x>1$ 时,$F(x)>F(1)$,这只要证明:$g(x)$ 在区间$(1,+\infty)$是增函数即可.

设 $F(x)=g(x)-f(x)$,即 $F(x)=\frac{2}{3}x^3-\frac{1}{2}x^2-\ln x$,则

$$F'(x)=2x^2-x-\frac{1}{x}=\frac{(x-1)(2x^2+x+1)}{x}$$

当 $x>1$ 时

$$F'(x)=\frac{(x-1)(2x^2+x+1)}{x}$$

从而 $F(x)$ 在 $(1,+\infty)$ 上为增函数，所以 $F(x)>F(1)=\frac{1}{6}>0$.

所以当 $x>1$ 时，$g(x)-f(x)>0$，即 $f(x)<g(x)$，故在区间 $(1,+\infty)$ 上，函数 $f(x)$ 的图像在函数 $g(x)=\frac{2}{3}x^3$ 的图像的下方.

评注　本题首先根据题意构造出一个函数(可以移项，使右边为零，将移项后的左式设为函数)，并利用导数判断所设函数的单调性，再根据函数单调性的定义，证明要证的不等式. 读者也可以设 $F(x)=f(x)-g(x)$ 做一做，深刻体会其中的思想方法.

例 3　(1) 求证：对任意的正整数 n，不等式 $\ln(\frac{1}{n}+1)>\frac{1}{n^2}-\frac{1}{n^3}$ 都成立.

(2) 若函数 $y=f(x)$ 在 $\mathbf{R}$ 上可导且满足不等式 $xf'(x)>-f(x)$ 恒成立，且常数 a,b 满足 $a>b$，求证：$af(a)>bf(b)$.

证明　(1) 本题从所证结构出发，只需令 $\frac{1}{n}=x$，则问题转化为：当 $x>0$ 时，恒有 $\ln(x+1)>x^2-x^3$ 成立，现构造函数 $h(x)=x^3-x^2+\ln(x+1)$，求导即可得到证明.

令

$$h(x)=x^3-x^2+\ln(x+1)$$

则

$$h'(x)=3x^2-2x+\frac{1}{x+1}=\frac{3x^3+(x-1)^2}{x+1}$$

在 $x\in(0,+\infty)$ 上恒正，所以函数 $h(x)$ 在 $(0,+\infty)$ 上单调递增，所以 $x\in(0,+\infty)$ 时，恒有 $h(x)>h(0)=0$，即

$$x^3-x^2+\ln(x+1)>0$$

所以

$$\ln(x+1)>x^2-x^3$$

对任意正整数 n，取 $x=\frac{1}{n}\in(0,+\infty)$，则有

$$\ln(\frac{1}{n}+1)>\frac{1}{n^2}-\frac{1}{n^3}$$

(2) 由已知 $xf'(x)+f(x)>0$，所以构造函数 $F(x)=xf(x)$，则

$F'(x)=xf'(x)+f(x)>0$，从而 $F(x)$ 在 $\mathbf{R}$ 上为增函数.

因为 $a>b$,所以 $F(a)>F(b)$,即 $af(a)>bf(b)$.

评注 对于第(1)小题,我们知道,当 $F(x)$ 在$[a,b]$上单调递增,则 $x>a$ 时,有 $F(x)>F(a)$. 如果 $f(a)=\varphi(a)$,要证明当 $x>a$ 时,$f(x)>\varphi(x)$,那么,只要令 $F(x)=f(x)-\varphi(x)$,就可以利用 $F(x)$ 的单调递增性来推导. 也就是说,在 $F(x)$ 可导的前提下,只要证明 $F'(x)>0$ 即可.

对于第(2)小题,由条件移项后 $xf'(x)+f(x)$,容易想到是一个积的导数,从而可以构造函数 $F(x)=xf(x)$,求导即可完成证明. 若题目中的条件改为 $xf'(x)>f(x)$,则移项后 $xf'(x)-f(x)$,要想到是一个商的导数的分子,平时解题多注意总结.

例 4 (1) 已知函数 $f(x)=\ln(1+x)-x$,$g(x)=x\ln x$.

① 求函数 $f(x)$ 的最大值;

② 设 $0<a<b$,证明:$0<g(a)+g(b)-2g(\frac{a+b}{2})<(b-a)\ln 2$.

(2) 已知函数 $f(x)=ae^x-\frac{1}{2}x^2$.

① 若 $f(x)$ 在 $\mathbf{R}$ 上为增函数,求 a 的取值范围;

② 若 $a=1$,求证:$x>0$ 时,$f(x)>1+x$.

解 (1) 对于②,绝大部分的学生都会望而生畏. 学生的盲点也主要就在于所给函数用不上. 如果能挖掘一下所给函数与所证不等式间的联系,想一想大小关系又与函数的单调性密切相关,由此就可过渡到根据所要证的不等式构造恰当的函数,利用导数研究函数的单调性,借助单调性比较函数值的大小,以期达到证明不等式的目的. 证明如下:

对 $g(x)=x\ln x$ 求导,则 $g'(x)=\ln x+1$.

在 $g(a)+g(b)-2g(\frac{a+b}{2})$ 中以 b 为主变元构造函数,设 $F(x)=g(a)+g(x)-2g(\frac{a+x}{2})$,则

$$F'(x)=g'(x)-2\left[g(\frac{a+x}{2})\right]'=\ln x-\ln\frac{a+x}{2}$$

当 $0<x<a$ 时,$F'(x)<0$,因此 $F(x)$ 在$(0,a)$内为减函数.

当 $x>a$ 时,$F'(x)>0$,因此 $F(x)$ 在$(a,+\infty)$上为增函数.

从而当 $x=a$ 时,$F(x)$ 有极小值 $F(a)$.

因为 $F(a)=0, b>a$，所以 $F(b)>0$，即

$$g(a)+g(b)-2g(\frac{a+b}{2})>0$$

又设 $G(x)=F(x)-(x-a)\ln 2$，则

$$G'(x)=\ln x-\ln\frac{a+x}{2}-\ln 2=\ln x-\ln(a+x)$$

当 $x>0$ 时，$G'(x)<0$，因此 $G(x)$ 在 $(0,+\infty)$ 上为减函数.

因为 $G(a)=0, b>a$，所以 $G(b)<0$，即

$$g(a)+g(b)-2g(\frac{a+b}{2})<(b-a)\ln 2$$

(2)①$f'(x)=ae^x-x$，

因为 $f(x)$ 在 $\mathbf{R}$ 上为增函数，所以 $f'(x)\geqslant 0$ 对 $x\in\mathbf{R}$ 恒成立，即 $a\geqslant xe^{-x}$ 对 $x\in\mathbf{R}$ 恒成立.

记 $g(x)=xe^{-x}$，则 $g'(x)=e^{-x}-xe^{-x}=(1-x)e^{-x}$，当 $x>1$ 时，$g'(x)<0$，当 $x<1$ 时，$g'(x)>0$.

知 $g(x)$ 在 $(-\infty,1)$ 上为增函数，在 $(1,+\infty)$ 上为减函数，所以 $g(x)$ 在 $x=1$ 时，取得最大值，即 $g(x)_{\max}=g(1)=1/e$，所以 $a\geqslant 1/e$，即 a 的取值范围是 $[1/e,+\infty)$.

② 记

$$F(X)=f(x)-(1+x)=e^x-\frac{1}{2}x^2-1-x(x>0)$$

则 $F'(x)=e^x-1-x$，令 $h(x)=F'(x)=e^x-1-x$，则 $h'(x)=e^x-1$.

当 $x>0$ 时，$h'(x)>0$，所以 $h(x)$ 在 $(0,+\infty)$ 上为增函数，又 $h(x)$ 在 $x=0$ 处连续，所以 $h(x)>h(0)=0$.

即 $F'(x)>0$，所以 $F(x)$ 在 $(0,+\infty)$ 上为增函数，又 $F(x)$ 在 $x=0$ 处连续，所以 $F(x)>F(0)=0$，即 $f(x)>1+x$.

评注　当函数取最大(或最小)值时不等式都成立，可得该不等式恒成立，从而把不等式的恒成立问题转化为求函数最值问题. 不等式恒成立问题，一般都会涉及求参数范围，往往把变量分离后可以转化为 $m>f(x)$(或 $m<f(x)$)恒成立，于是 m 大于 $f(x)$ 的最大值(或 m 小于 $f(x)$ 的最小值)，从而把不等式恒成立问题转化为求函数的最值问题. 因此，利用导数求函数最值是解决不等式恒成立问题的一种重要方法.

例 5　(1) 证明：当 $x>0$ 时，$(1+x)^{1+\frac{1}{x}}<e^{1+\frac{x}{2}}$.

(2) 求证：当 $b>a>\mathrm{e}$ 时，$a^b>b^a$.

(3) 已知 m,n 都是正整数，且 $1<m<n$，证明：$(1+m)^n>(1+n)^m$.

证明 (1) 对不等式两边取对数得 $(1+\frac{1}{x})\ln(1+x)<1+\frac{x}{2}$，化简为

$$2(1+x)\ln(1+x)<2x-x^2$$

设辅助函数

$$f(x)=2x+x^2-2(1+x)\ln(1+x),x\geqslant 0$$

$$f'(x)=2x-2\ln(1+x)$$

又

$$f''(x)=\frac{2x}{1+x}>0,x>0$$

由 $f''(x)>0$ 知 $f'(x)$ 在 $(0,+\infty)$ 上严格单调增加，从而

$$f'(x)>f'(0)=0(x>0)$$

又由 $f(x)$ 在 $[0,+\infty)$ 上连续，且 $f'(x)>0$ 得 $f(x)$ 在 $[0,+\infty)$ 上严格单调增加，所以 $f(x)>f(0)=0(x>0)$，即

$$2x+x^2-2(1+x)\ln(1+x)>0$$

$$2x+x^2>2(1+x)\ln(1+x)$$

故

$$(1+x)^{1+\frac{1}{x}}<\mathrm{e}^{1+\frac{x}{2}},x>0$$

(2) **分析** 此题目具有幂指函数形式，对不等式两边分别取对数得 $b\ln a>a\ln b$，整理为 $\frac{1}{a}\ln a>\frac{1}{b}\ln b$，在此基础上根据“形似”构造辅助函数 $f(x)=\frac{1}{x}\ln x$，再根据函数的单调性证明.

不等式两边取对数得 $b\ln a>a\ln b$，可化为 $\frac{1}{a}\ln a>\frac{1}{b}\ln b$.

令 $f(x)=\frac{1}{x}\ln x$，显然 $f(x)$ 在 $(\mathrm{e},+\infty)$ 内连续并可导：

$$f'(x)=-\frac{1}{x^2}\ln x+\frac{1}{x}\cdot\frac{1}{x}=\frac{1}{x^2}(1-\ln x)<0,x>\mathrm{e}$$

由定理得 $f(x)$ 在 $(\mathrm{e},+\infty)$ 内为严格单调递减.

由 $b>a>\mathrm{e}$ 得 $f(a)>f(b)$，所以 $\frac{1}{a}\ln a>\frac{1}{b}\ln b$，$b\ln a>a\ln b$，故 $a^b>b^a$.

(3) 原不等式等价于$\dfrac{\ln(1+m)}{m}>\dfrac{\ln(1+n)}{n}$,令

$$f(x)=\frac{\ln(1+x)}{x},x\geqslant 2$$

则

$$f'(x)=\frac{x-(1+x)\ln(1+x)}{(1+x)^2}<\frac{x-x\ln(1+x)}{(1+x)x^2}=\frac{x[1-\ln(1+x)]}{(1+x)x^2}$$
$$=\frac{x[1-\ln(1+x)]}{(1+x)x^2}<0$$

即 f 在$[2,+\infty)$上严格递减,所以 $f(m)>f(n)$,即$(1+m)^n>(1+n)^m$ 成立.

评注　有些不等式证明需要构造指数函数、对数函数、幂函数等,运用函数性质解题.

【课外训练】

1. 设 $a\geqslant 0$,$f(x)=x-1-\ln^2 x+2a\ln x$.求证:当 $x>1$ 时,恒有 $x>\ln^2 x-2a\ln x+1$.

2. (1) 已知定义在正实数集上的函数 $f(x)=\dfrac{1}{2}x^2+2ax$,$g(x)=3a^2\ln x+b$,其中 $a>0$,且 $b=\dfrac{5}{2}a^2-3a^2\ln a$,求证:$f(x)\geqslant g(x)$.

(2) 已知函数 $f(x)=\ln(1+x)-\dfrac{x}{1+x}$,求证:对任意的正数 a,b,恒有 $\ln a-\ln b\geqslant 1-\dfrac{b}{a}$.

3. 已知函数 $f(x)=\dfrac{1+\ln x}{x}$.

(1) 若函数在区间$(a,a+\dfrac{1}{2})$(其中 $a>0$)上存在极值,求实数 a 的取值范围.

(2) 如果当 $x\geqslant 1$ 时,不等式 $f(x)\geqslant\dfrac{k}{x+1}$ 恒成立,求实数 k 的取值范围.

(3) 求证:$[(n+1)!\ ]^2>(n+1)\cdot e^{n-2}(n\in\mathbf{N}^*)$.

4. 已知函数 $f(x)=\ln x-ax+\dfrac{1-a}{x}-1(a\in\mathbf{R})$.

(1) 当 $a<\frac{1}{2}$ 时,讨论 $f(x)$ 的单调性;

(2) 当 $a=0$ 时,对于任意的 $n\in\mathbf{N}^*$,且 $n\geqslant 2$,求证:

$$\frac{1}{f(2)}+\frac{1}{f(3)}+\frac{1}{f(4)}+\cdots+\frac{1}{f(n)}>\frac{3}{4}-\frac{2n+1}{2n(n+1)}$$

5.已知 $f(x)=ax+\frac{b}{x}+2-2a(a>0)$ 的图像在点 $(1,f(1))$ 处的切线与直线 $y=2x+1$ 平行.

(1) 求 a,b 满足的关系式.

(2) 若 $f(x)\geqslant 2\ln x$ 在 $[1,+\infty)$ 上恒成立,求 a 的取值范围.

(3) 求证:$1+\frac{1}{3}+\frac{1}{5}+\cdots+\frac{1}{2n-1}>\frac{1}{2}\ln(2n+1)+\frac{n}{2n+1}(n\in\mathbf{N}^*)$.

第18章　运用赫尔德不等式证题

> 幻想是诗人的翅膀，假设是科学的天梯.　　——歌德（德国）

【知识要点】

1. 赫尔德不等式：设 $a_1, a_2, a_3, b_1, b_2, b_3, c_1, c_2, c_3$ 为正实数，则有

$(a_1^3+a_2^3+a_3^3)(b_1^3+b_2^3+b_3^3)(c_1^3+c_2^3+c_3^3) \geqslant (a_1b_1c_1+a_2b_2c_2+a_3b_3c_3)^3$

简写为

$$\left(\sum_{i=1}^{3}a_i^3\right)\left(\sum_{i=1}^{3}b_i^3\right)\left(\sum_{i=1}^{3}c_i^3\right) \geqslant \left(\sum_{i=1}^{3}a_ib_ic_i\right)^3$$

2. 推广为一般式：

$$\prod_{i=1}^{n}\left(\sum_{j=1}^{m}a_{ij}\right)^{\omega_i} \geqslant \sum_{j=1}^{m}\left(\prod_{i=1}^{n}a_{ij}^{\ \omega_i}\right)$$

3. 推论：

$$(1+a_1)(1+a_2)\cdots(1+a_n) \geqslant (1+\sqrt[n]{a_1a_2\cdots a_n})^n$$

【例题分析】

例1　(1) 已知：$a,b,c>0, a+b+c=1$，求证：$\sum \frac{a}{\sqrt{b^2+c}} \geqslant \frac{3}{2}$.

(2) 已知 $x,y,z>0, x+y+z=1$，求证：$\frac{x}{\sqrt{1-x}}+\frac{y}{\sqrt{1-y}}+\frac{z}{\sqrt{1-z}} \geqslant \sqrt{\frac{3}{2}}$.

证明　由赫尔德不等式得

$$\left(\sum \frac{a}{\sqrt{b^2+c}}\right)^2 \sum a(b^2+c) \geqslant \left(\sum a\right)^3$$

下面只需证明：

$$\frac{4}{9} \geqslant \sum a(b^2+c) \Leftrightarrow \frac{4}{9} \geqslant \sum a(b^2+ac+bc+c^2)$$

$$\Leftrightarrow 4\left(\sum a\right)^3 \geqslant 9\sum ab^2 + 9\sum(ab^2+a^2b) + 27abc$$

$$\Leftrightarrow 4\sum a^3 + 3\sum a^2b \geqslant 6\sum ab^2 + 3abc$$

注意到：$4\sum a^3+3\sum a^2b=\sum a^3+3\sum(b^3+a^2b)\geqslant 3abc+6\sum ab^2$. 所以原不等式成立.

(2) 由赫尔德不等式得

$$\left(\sum \frac{x}{\sqrt{1-x}}\right)^2 \sum x(1-x) \geqslant \left(\sum x\right)^3$$

下面只需证明$\frac{2}{3}\geqslant \sum x(1-x) \Leftrightarrow x^2+y^2+z^2\geqslant \frac{1}{3}$，运用柯西不等式显然成立.

所以原不等式成立.

例 2 (1) 已知：$a,b,c>0$，$abc=1$，求证：

$$\sum \frac{a}{\sqrt{b^2+2c}} \geqslant \sqrt{3}$$

(2) 已知：$x,y,z>0$，求证：

$$\sum \frac{x}{\sqrt{y+z}} \geqslant \sqrt{\frac{3}{2}(x+y+z)}$$

证明 (1) 由赫尔德不等式得

$$\left(\sum \frac{a}{\sqrt{b^2+2c}}\right)^2 \sum a(b^2+2c) \geqslant \left(\sum a\right)^3$$

下面只需证明

$$\left(\sum a\right)^3 \geqslant 3\sum a(b^2+2c) \Leftrightarrow \sum a^3 + 3\sum a^2b + 6 \geqslant 6\sum ab$$

由均值不等式得

$$\sum a^3 + 6 \geqslant 3\sum a;\ 3\sum a + 3\sum a^2b \geqslant 6\sum ab$$

两不等式相加. 证毕.

(2) 由赫尔德不等式得

$$\left(\sum \frac{x}{\sqrt{y+z}}\right)^2 \sum x(y+z) \geqslant \left(\sum x\right)^3$$

下面只需证明

$$\left(\sum x\right)^3 \geqslant \frac{3}{2}\sum x\sum x(y+z) \Leftrightarrow \left(\sum x\right)^2 \geqslant 3\sum xy$$

这是显然成立的. 证毕.

例 3　(1) 已知:$x,y,z>0,x+y+z=1$,求证:$\sum \frac{xy}{\sqrt{xy+yz}} \leqslant \frac{1}{\sqrt{2}}$.

(2) 已知:$a,b,c>0$,求证:$\sum \frac{a}{\sqrt{a^2+8bc}} \geqslant 1$.

证明　(1) 注意到

$$\left(\sum \frac{x\sqrt{y}}{\sqrt{x+z}}\right)^2 \leqslant \left[\sum (x+y)\right]\left[\sum \frac{x^2 y}{(x+y)(x+z)}\right]$$

下面只需证明:

$$4\sum \frac{x^2 y}{(x+y)(x+z)} \leqslant 1 \Leftrightarrow 2\sum x^2 y^2 \leqslant \sum x^2 yz + \sum (x^3 y + xy^3)$$

由三次舒尔及均值不等式这是显然的. 证毕.

(2) 由赫尔德不等式得

$$\left(\sum \frac{a}{\sqrt{a^2+8bc}}\right)^2 \sum a(a^2+8bc) \geqslant \left(\sum a\right)^3$$

下面只需证明$\left(\sum a\right)^3 \geqslant \sum a(a^2+8bc)$,此为三次舒尔不等式显然成立. 证毕.

例 4　(1) 已知:$a,b,c>0,abc=1$,求证:$\sum \frac{a}{\sqrt{7+b+c}} \geqslant 1$.

(2) 已知:$a,b,c>0,a+b+c=1$,求证:$\sum \frac{a}{\sqrt[3]{a+2b}} \geqslant 1$.

证明　(1) 由赫尔德不等式得

$$\left(\sum \frac{a}{\sqrt{7+b+c}}\right)^2 \sum a(7+b+c) \geqslant \left(\sum a\right)^3$$

下面只需证

$$\left(\sum a\right)^3 \geqslant \sum a(7+b+c) = 7\sum a + 2\sum ab$$

注意到$\frac{7}{9}\left(\sum a\right)^3 \geqslant \sum a, \frac{2}{9}\left(\sum a\right)^3 \geqslant 2\sum ab$,两个不等式相加. 证毕.

(2) 由赫尔德不等式得

$$\left(\sum\frac{a}{\sqrt[3]{a+2b}}\right)^{3}\sum a(a+2b)\geqslant\left(\sum a\right)^{4}=1$$

下面只需证：$1\geqslant\sum a^{2}+2\sum ab$，这时等式显然成立. 证毕.

例 5 (1) 已知：$a,b,c>0,3\max\{a^{2},b^{2},c^{2}\}\leqslant 2\sum a^{2}$，求证：

$$\sum\frac{a}{\sqrt{2b^{2}+2c^{2}-a^{2}}}\geqslant\sqrt{3}$$

(2) 已知：$a,b,c\geqslant 0,a+b+c+abc=4$，求证：$\sum\frac{a}{\sqrt{b+c}}\geqslant\frac{1}{\sqrt{2}}\sum a$.

证明 (1) 由条件知每个根号内的和为正有意义.

由赫尔德不等式得

$$\left(\sum\frac{a}{\sqrt{2b^{2}+2c^{2}-a^{2}}}\right)^{2}\sum a(2b^{2}+2c^{2}-a^{2})\geqslant\left(\sum a\right)^{3}$$

下面只需证

$$\left(\sum a\right)^{3}\geqslant 3\sum a(2b^{2}+2c^{2}-a^{2})$$

$$\Leftrightarrow\sum(a+b)(a-b)^{2}+2\sum a(a-b)(a-c)\geqslant 0$$

此式显然成立. 原不等式成立.

(2) 不等式证明如下.

由赫尔德不等式知

$$\left(\sum\frac{a}{\sqrt{b+c}}\right)^{2}\sum a(b+c)\geqslant\left(\sum a\right)^{3}$$

下面只需证明

$$\left(\sum a\right)^{3}\geqslant\frac{1}{2}\left(\sum a\right)^{2}\sum a(b+c)\Leftrightarrow\sum a\geqslant\sum ab \quad ①$$

由条件

$$a+b+c+abc=4$$

不妨设

$$a=\max\{a,b,c\}\Rightarrow 4=a+b+c+abc\geqslant\frac{3(b+c)}{2}+(bc)^{\frac{3}{2}}$$

这说明 $bc\leqslant 1$，把 $a=\frac{4-b-c}{1+bc}$ 带入 ① 式

$$\Leftrightarrow\frac{4-b-c}{1+bc}+b+c\geqslant\frac{4-b-c}{1+bc}(b+c)+bc \quad ②$$

$$\Leftrightarrow 4+bc(b+c)-4b-4c+b^{2}+c^{2}+bc-b^{2}c^{2}\geqslant 0$$

作代换：$b+c=s, bc=t\leqslant 1$，那么 $s\geqslant 2\sqrt{t}$.

② 变成：$s^2+(t-4)s-t^2-t+4\geqslant 0$.

看作关于 s 的二次函数，并记作 $f(s)$，对称轴 $\frac{3}{2}\leqslant\frac{4-t}{2}\leqslant 2$.

倘若 $1\geqslant t\geqslant 12-8\sqrt{2}$，那么 $s\geqslant 2\sqrt{t}\geqslant\frac{4-t}{2}$，这说明 s 取不到对称轴.

那么 $f(s)\geqslant f(2\sqrt{t})=(2-\sqrt{t})(\sqrt{t}-1)^2(2+\sqrt{t})\geqslant 0$.

倘若 $12-8\sqrt{2}\geqslant t\geqslant 0\Rightarrow t<\frac{4}{5}$，那么 s 能取到对称轴：

$$f(s)\geqslant f\left(\frac{4-t}{2}\right)=t(1-\frac{5}{4}t)\geqslant 0$$

综上式 ① 成立，从而原不等式得证.

评注　通过上面的例题求解根式分式和型的不等式一般可以用赫尔德来有理化.

$\sum\frac{f}{\sqrt{g}}\geqslant$ 型可以运用

$$\left(\sum\frac{f}{\sqrt{g}}\right)^2\sum fg\geqslant\left(\sum f\right)^3$$

$\sum\frac{f}{\sqrt{g}}\leqslant$ 型可以运用

$$\left(\sum\frac{f}{\sqrt{g}}\right)^2\leqslant\sum P\sum Q$$

其中

$$PQ=\frac{f^2}{g}$$

【课外训练】

1. 已知：$a,b,c>0$，求证：$\sqrt[3]{\frac{a+b}{a+c}}+\sqrt[3]{\frac{b+c}{b+a}}+\sqrt[3]{\frac{c+a}{c+b}}\leqslant\frac{a+b+c}{\sqrt[3]{abc}}$.

2. 已知：$a,b,c,d>0$，$ab+bc+cd+da=1$，求证：$\sum\frac{a^3}{b+c+d}\geqslant\frac{1}{3}$.

3. 已知：$ab+bc+ca=1$，$a,b,c>0$，求证：$\sum\sqrt[3]{\frac{1}{a}+6b}\leqslant\frac{1}{abc}$.

4. 已知：$x,y,z>0,x+y+z=3$，求证：$\sum \frac{1}{x\sqrt{2x^2+2yz}} \geqslant \sum \frac{3}{x^2+xy+xz+3yz}$.

5. 已知：$a,b,c\geqslant 0,a+b+c=1$，求证：$\sum a\sqrt{4b^2+c^2}\leqslant \frac{3}{4}$.

第 19 章　代数代换法证明不等式

学习知识要善于思考，思考，再思考，我就是靠这个方法成为科学家的.

——爱因斯坦(美国)

【知识梳理】

代数竞赛题以函数、方程、数列、不等式等作为主要考查内容，在国内外各级竞赛中占有极其重要的地位，其中精彩和富有技巧性的问题层出不穷，解题方法灵活多样.

本讲精选了一些典型的代数题. 这些例题和习题既能反映数学竞赛中一些具有普遍性的思想方法和策略，也涉及几种特定的代数技巧.

【例题分析】

例 1　设 $x,y,z\in\mathbf{R}_+$，且 $x^2+y^2+z^2=1$，求 $S=\frac{yz}{x}+\frac{zx}{y}+\frac{xy}{z}$ 的最小值.

解法一　令 $a=\frac{yz}{x}$，$b=\frac{zx}{y}$，$c=\frac{xy}{z}$，则

$$x^2=bc,y^2=ca,z^2=ab$$

所以

$$ab+bc+ca=1$$

$$\begin{aligned}S^2&=(a+b+c)^2=a^2+b^2+c^2+2(ab+bc+ca)\\&\geqslant 3(ab+bc+ca)=3\end{aligned}$$

所以 S 有最小值 $\sqrt{3}$.

解法二　作三角代换：$x^2=\tan\frac{A}{2}\tan\frac{B}{2}$，$y^2=\tan\frac{B}{2}\tan\frac{C}{2}$，$z^2=\tan\frac{C}{2}\cdot$

$\tan\dfrac{A}{2}$,其中 $\angle A,\angle B,\angle C$ 为 $\triangle ABC$ 的内角,于是

$$S=\tan\frac{A}{2}+\tan\frac{B}{2}+\tan\frac{C}{2}$$

由$(a+b+c)^2\geqslant 3(ab+bc+ca)$得

$$\left(\tan\frac{A}{2}+\tan\frac{B}{2}+\tan\frac{C}{2}\right)^2\geqslant 3\left(\tan\frac{A}{2}\tan\frac{B}{2}+\tan\frac{B}{2}\tan\frac{C}{2}+\tan\frac{C}{2}\tan\frac{A}{2}\right)$$

所以

$$\tan\frac{A}{2}+\tan\frac{B}{2}+\tan\frac{C}{2}\geqslant\sqrt{3}$$

等号成立的条件为 $\tan\dfrac{A}{2}=\tan\dfrac{B}{2}=\tan\dfrac{C}{2}=\dfrac{\sqrt{3}}{3}$,即 $x=y=z=\dfrac{\sqrt{3}}{3}$ 时 S 有最小值$\sqrt{3}$.

评注 代数代换与三角代换是求函数最值的主要方法.

例 2 对所有 $a,b,c\in\mathbf{R}_+$,求$\dfrac{a}{\sqrt{a^2+8bc}}+\dfrac{b}{\sqrt{b^2+8ac}}+\dfrac{c}{\sqrt{c^2+8ab}}$的最小值.

解 作代换 $x=\dfrac{a}{\sqrt{a^2+8bc}},y=\dfrac{b}{\sqrt{b^2+8ac}},z=\dfrac{c}{\sqrt{c^2+8ab}}$,则 $x,y,z\in(0,+\infty)$.

从而,$x^2=\dfrac{a^2}{a^2+8bc}$,即$\dfrac{1}{x^2-1}=\dfrac{8bc}{a^2}$.同理,$\dfrac{1}{y^2}-1=\dfrac{8ac}{b^2}$,$\dfrac{1}{z^2}-1=\dfrac{8ab}{c^2}$.

将以上三式相乘,得

$$\left(\frac{1}{x^2}-1\right)\left(\frac{1}{y^2}-1\right)\left(\frac{1}{z^2}-1\right)=512$$

若 $x+y+z<1$,则 $0<x<1,0<y<1,0<z<1$,故

$$\begin{aligned}\left(\frac{1}{x^2}-1\right)\left(\frac{1}{y^2}-1\right)\left(\frac{1}{z^2}-1\right)&=\frac{(1-x^2)(1-y^2)(1-z^2)}{x^2y^2z^2}\\&>\frac{\prod\left[\left(\sum x\right)^2-x^2\right]}{x^2y^2z^2}\\&=\frac{\prod\left[(y+z)(2x+y+z)\right]}{x^2y^2z^2}\\&\geqslant\frac{\prod\left(2\sqrt{yz}\cdot 4\sqrt[4]{x^2yz}\right)}{x^2y^2z^2}\end{aligned}$$

$$\frac{\prod\left(8\sqrt[4]{x^{2}y^{3}z^{3}}\right)}{x^{2}y^{2}z^{2}}=512$$

矛盾.

所以 $x+y+z\geqslant 1$. 从而，当 $a=b=c$ 时，所求最小值为 1.

评注　通过整体代换将问题转化为条件最值问题，即在 $\left(\frac{1}{x^{2}}-1\right)\left(\frac{1}{y^{2}}-1\right)\left(\frac{1}{z^{2}}-1\right)=512$ 成立的条件下，求 $x+y+z$ 的最小值. 可先从极端情况探求最小值，再运用反证法进行证明.

例 3　已知 $x,y,z\in\mathbf{R}_{+}$，$xyz=1$，且 $x(1+z)>1$，$y(1+x)>1$，$z(1+y)>1$，求证：$2(x+y+z)\geqslant\frac{1}{x}+\frac{1}{y}+\frac{1}{z}+3$.

证明　令 $x=\frac{a}{b}$，$y=\frac{b}{c}$，$z=\frac{c}{a}(a,b,c\in\mathbf{R}_{+})$，则 $x(1+z)>1$，$y(1+x)>1$，$z(1+y)>1$ 变为 $a+c>b$，$b+a>c$，$c+b>a$. 要证的不等式变为

$$2\left(\frac{a}{b}+\frac{b}{c}+\frac{c}{a}\right)\geqslant\frac{b}{a}+\frac{c}{b}+\frac{a}{c}+3$$

等价于要证

$$2(a^{2}c+b^{2}a+c^{2}b)\geqslant b^{2}c+c^{2}a+a^{2}b+3abc \tag{*}$$

注意到以 a,b,c 为边长可以构成三角形，我们令

$$\begin{cases}a=m+n\\ b=n+l\\ c=l+m\end{cases},m>0,n>0,l>0$$

将其代入式(*)，则要证的不等式转化为

$$l^{3}+m^{3}+n^{3}+m^{2}n+n^{2}l+l^{2}m\geqslant 2m^{2}l+2n^{2}m+2l^{2}n$$

由均值不等式，得

$$l^{3}+n^{2}l\geqslant 2l^{2}n,n^{3}+m^{2}n\geqslant 2n^{2}m,m^{3}+l^{2}m\geqslant 2m^{2}l$$

上述三式相加就证得不等式.

评注　本题对于条件 $abc=1$，常作代换

$$\begin{cases}a=\frac{x}{y}\\ b=\frac{y}{z}\\ c=\frac{z}{x}\end{cases},x,y,z>0$$

从而使非齐次不等式变为齐次不等式，另外，三角形三边常用的代换为

$$\begin{cases}a=m+n\\b=n+l\\c=l+m\end{cases},m>0,n>0,l>0$$

例4 (1) 设 a,b,c 为正数，且 $abc=1$，求证：$\frac{1}{1+2a}+\frac{1}{1+2b}+\frac{1}{1+2c}\geqslant abc$.

(2) 设 $a,b,c>0,abc=1$，求证：

$$\frac{ab}{a^5+b^5+ab}+\frac{bc}{b^5+c^5+bc}+\frac{ca}{c^5+a^5+ca}\leqslant 1$$

证明 (1) **证法一** 设 $a=\frac{x}{y},b=\frac{y}{z},c=\frac{z}{x}(x,y,z\in\mathbf{R}_+)$，则

$$\frac{1}{2a+1}+\frac{1}{2b+1}+\frac{1}{2c+1}=\frac{y}{y+2x}+\frac{z}{z+2y}+\frac{x}{x+2z}$$

由柯西不等式得

$$[y(y+2x)+z(z+2y)+x(x+2z)]\cdot\left(\frac{y}{y+2x}+\frac{z}{z+2y}+\frac{x}{x+2z}\right)\geqslant(x+y+z)^2$$

从而

$$\frac{y}{y+2x}+\frac{z}{z+2y}+\frac{x}{x+2z}\geqslant\frac{(x+y+z)^2}{[y(y+2x)+z(z+2y)+x(x+2z)]}=1$$

即

$$\frac{1}{2a+1}+\frac{1}{2b+1}+\frac{1}{2c+1}\geqslant 1$$

当且仅当 $a=b=c=1$ 时去等号，故所求最小值为1.

证法二 作代换将非齐次式转化为齐次式.

令 $a=x^3,b=y^3,c=z^3$，则 $xyz=1$.

$$\frac{1}{1+2a}+\frac{1}{1+2b}+\frac{1}{1+2c}=\frac{yz}{yz+2x^2}+\frac{zx}{zx+2y^2}+\frac{xy}{xy+2z^2}$$

由柯西不等式

$$[yz(yz+2x^2)+zx(zx+2y^2)+xy(xy+2z^2)]\cdot\left(\frac{yz}{yz+2x^2}+\frac{zx}{zx+2y^2}+\frac{xy}{xy+2z^2}\right)$$
$$\geqslant(yz+zx+xy)^2\cdot$$

$$\left(\frac{yz}{yz+2x^2}+\frac{zx}{zx+2y^2}+\frac{xy}{xy+2z^2}\right)$$
$$\geqslant\frac{(yz+zx+xy)^2}{yz(yz+2x^2)+zx(zx+2y^2)+xy(xy+2z^2)}$$
$$=\frac{(yz+zx+xy)^2}{(yz+zx+xy)^2}=1$$

证法三　由题意,设 $a=\frac{yz}{x^2}$,$b=\frac{xz}{y^2}$,$c=\frac{xy}{z^2}$,其中 $x,y,z\in\mathbf{R}_+$,应用柯西不等式的变式,得

$$\frac{1}{1+2a}+\frac{1}{1+2b}+\frac{1}{1+2c}=\frac{x^2}{x^2+2yz}+\frac{y^2}{y^2+2zx}+\frac{z^2}{z^2+2xy}$$
$$\geqslant\frac{(x+y+z)^2}{x^2+2yz+y^2+2zx+z^2+2xy}$$
$$=\frac{(x+y+z)^2}{(x+y+z)^2}=1$$

故

$$\frac{1}{1+2a}+\frac{1}{1+2b}+\frac{1}{1+2c}\geqslant 1$$

(2) **证法一**　由 $a^5+b^5\geqslant a^2b^3+a^3b^2$,得

$$\frac{ab}{a^5+b^5+ab}=\frac{a^2b^2c}{a^5+b^5+a^2b^2c}\leqslant\frac{a^2b^2c}{a^2b^3+a^3b^2+a^2b^2c}=\frac{c}{a+b+c}$$

同理

$$\frac{bc}{b^5+c^5+bc}\leqslant\frac{a}{a+b+c};\frac{ca}{c^5+a^5+ca}\leqslant\frac{b}{a+b+c}$$

证法二　由题意,设 $a=\frac{yz}{x^2}$,$b=\frac{zx}{y^2}$,$c=\frac{yx}{z^2}$,其中 $x,y,z\in\mathbf{R}_+$,则

$$\frac{ab}{a^5+b^5+ab}=\frac{\frac{yz}{x^2}\cdot\frac{zx}{y^2}}{\frac{y^5z^5}{x^{10}}+\frac{z^5x^5}{y^{10}}+\frac{yz}{x^2}\cdot\frac{zx}{y^2}}=\frac{x^9y^9}{x^{15}z^3+y^{15}z^3+x^9y^9}$$

同理,再得两式,这样原不等式等价于

$$\frac{x^9y^9}{x^{15}z^3+y^{15}z^3+x^9y^9}+\frac{y^9z^9}{y^{15}z^3+z^{15}x^3+y^9z^9}+\frac{z^9x^9}{z^{15}y^3+x^{15}y^3+z^9x^9}\leqslant 1$$

证法三　令 $a=x^3$,$b=y^3$,$c=z^3$,则此不等式等价于——

已知 $a,b,c>0$,求证:

$$\frac{a^3b^3}{a^5c+b^5c+a^3b^3}+\frac{b^3c^3}{b^5a+c^5a+b^3c^3}+\frac{c^3a^3}{c^5b+a^5b+c^3a^3}\leqslant 1$$

容易证明 $a^5+b^5\geqslant a^2b^2(a+b)$，于是

$$\frac{a^3b^3}{a^5c+b^5c+a^3b^3}=\frac{a^3b^3}{(a^5+b^5)c+a^3b^3}\leqslant\frac{a^3b^3}{a^2b^2(a+b)c+a^3b^3}$$

$$=\frac{ab}{ab+bc+ca}$$

即

$$\frac{a^3b^3}{a^5c+b^5c+a^3b^3}\leqslant\frac{ab}{ab+bc+ca}$$

同理再得两式，将三式相加，立知

$$\frac{a^3b^3}{a^5c+b^5c+a^3b^3}+\frac{b^3c^3}{b^5a+c^5a+b^3c^3}+\frac{c^3a^3}{c^5b+a^5b+c^3a^3}\leqslant 1$$

成立.

评注 对于第(1)小题解法一，本题直接运用柯西不等式有困难，通过分析代换后则显得比较容易. 当然也可先证明 $\frac{1}{2a+1}\geqslant\frac{a^{\frac{2}{3}}}{a^{\frac{2}{3}}+b^{\frac{2}{3}}+c^{\frac{2}{3}}}$ 而得到最小值.

例 5 (1) 已知 $a,b,c\in\mathbf{R}_+$，求 $\frac{a}{b+3c}+\frac{b}{8c+4a}+\frac{9c}{3a+2b}$ 的最小值.

(2) 设 a,b,c 为正实数，求证：

$$\frac{a+3c}{a+2b+c}+\frac{4b}{a+b+2c}-\frac{8c}{a+b+3c}\geqslant -17+12\sqrt{2}$$

解 (1) 对分母进行代换，令 $b+3c=x,8c+4a=y,3a+2b=z$，则

$$a=-\frac{1}{3}x+\frac{1}{8}y+\frac{1}{6}z,b=\frac{1}{2}x-\frac{3}{16}y+\frac{1}{4}z,c=\frac{1}{6}x+\frac{1}{16}y-\frac{1}{12}z$$

故

$$\frac{a}{b+3c}+\frac{b}{8c+4a}+\frac{9c}{3a+2b}$$

$$=\frac{1}{8}\left(\frac{y}{x}+\frac{4x}{y}\right)+\frac{1}{6}\left(\frac{z}{x}+\frac{9x}{z}\right)+\frac{1}{16}\left(\frac{4z}{y}+\frac{9y}{z}\right)-\frac{61}{48}$$

由均值不等式得

$$上式\geqslant\frac{1}{8}\times 4+\frac{1}{6}\times 6+\frac{1}{16}\times 12-\frac{61}{48}=\frac{47}{48}$$

当且仅当 $y=2x,z=3x$ 时上述等号成立.

因此，当 $a=10c,b=21c$ 时，所求最小值为 $\frac{47}{48}$.

(2) 令 $\begin{cases}x=a+2b+c,\\ y=a+b+2c,\\ z=a+b+3c,\end{cases}$ 则 $x-y=b-c,z-y=c$，由此可得

$$\begin{cases}a+3c=2y-x\\ b=z+x-2y\\ c=z-y\end{cases}$$

从而

$$\begin{aligned}&\frac{a+3c}{a+2b+c}+\frac{4b}{a+b+2c}-\frac{8c}{a+b+3c}\\ =&\frac{2y-x}{x}+\frac{4(z+x-2y)}{y}-\frac{8(z-y)}{z}\\ =&-17+2\frac{y}{x}+4\frac{x}{y}+4\frac{z}{y}+8\frac{y}{z}\\ \geqslant&-17+2\sqrt{8}+2\sqrt{32}=-17+12\sqrt{2}\end{aligned}$$

不难算出，对任何正实数 a，只要 $b=(1+\sqrt{2})a,c=(4+3\sqrt{2})a$，就可取到上述的等号.

评注　对于第(1)小题，分子与分母均为齐次的分式最值问题，一般最易想到运用柯西不等式处理，但有时很难直接奏效，此时，进行分母代换是比较明智的选择. 对于第(2)小题，本题的难点是分母较复杂，可以尝试用代换的办法化简分母. 代换法(换元法)是常用的化简分母、去分母、去根号的一种方法.

【课外训练】

1. 设 $a,b,c,d>0$，且 $\frac{a^2}{1+a^2}+\frac{b^2}{1+b^2}+\frac{c^2}{1+c^2}+\frac{d^2}{1+d^2}=1$，求证：$abcd\leqslant\frac{1}{9}$.

2. 已知 $a,b,c\in\mathbf{R}_+,abc=1$，求证：$\frac{1}{a^3(b+c)}+\frac{1}{b^3(c+a)}+\frac{1}{c^3(a+b)}\geqslant\frac{3}{2}$.

3. 已知 $a,b,c>0$,求证:

$$\frac{a^2}{a^2+2bc}+\frac{b^2}{b^2+2ca}+\frac{c^2}{c^2+2ab}\geqslant 1\geqslant \frac{bc}{a^2+2bc}+\frac{ca}{b^2+2ca}+\frac{ab}{c^2+2ab}.$$

4. 已知 $a,b,c>0$,求证:$\frac{1}{a^2(b+c)}+\frac{1}{b^2(c+a)}+\frac{1}{c^2(a+b)}\geqslant\frac{3}{2}$.

5. 若 a,b,c 为 $\triangle ABC$ 的三边,$k\geqslant 1$,求证:

$$\frac{a}{k(b+c)-a}+\frac{b}{k(c+a)-b}+\frac{c}{k(a+b)-c}\geqslant\frac{3}{2k-1}$$

第 20 章　运用平抑法证明不等式

> 在创作家的事业中,每一步都要深思而后行,而不是盲目地瞎碰.
>
> ——米丘林(苏联)

【知识梳理】

平抑法证明不等式数学思想是平抑循环变量的数据变化,调节、利用整体力量,使问题得以解决.具体做法是,把最大值或最小值均分给各轮换对称结构,通过平抑使问题结构向问题解决的方向转化.这样解题的好处是,因解法的程式化导致问题的简单化.本章则针对相关条件不等式,改变数据的平抑为变量的平抑.

【例题分析】

例 1　已知 x,y,z 是互不相等的整数,求证:

$$x^2+y^2+z^2\geqslant xy+yz+zx+3$$

证明　不妨设 $|x-y|\geqslant 1$, $|y-z|\geqslant 1$,则

$$|x-z|=|(x-y)+(y-z)|\geqslant 2$$

$$x^2+y^2+z^2\geqslant xy+yz+zx+3$$

$$\Leftrightarrow 2x^2+2y^2+2z^2\geqslant 2xy+2yz+2zx+6$$

$$\Leftrightarrow (x-y)^2+(y-z)^2+(z-x)^2\geqslant 6$$

最后一步成立,所以最先一步成立.当且仅当 x,y,z 是连续整数时取等号.

例 2　已知:$a,b,c,d>0$, $a+b+c+d=2$,求证:

$$\frac{a}{b^2-b+1}+\frac{b}{c^2-c+1}+\frac{c}{a^2-a+1}\leqslant\frac{8}{3}$$

证明 设 $a=\frac{1}{2}+x, b=\frac{1}{2}+y, c=\frac{1}{2}+z, d=\frac{1}{2}+w, -\frac{1}{2}<x, y, z, w<\frac{3}{2}$，且 $x+y+z+w=0$，得

$$\begin{aligned}
&\frac{a}{b^2-b+1}+\frac{b}{c^2-c+1}+\frac{c}{a^2-a+1}\\
=&\frac{\frac{1}{2}+x}{\frac{1}{4}+y^2-\frac{1}{2}+1}+\frac{\frac{1}{2}+y}{\frac{1}{4}+z^2-\frac{1}{2}+1}+\frac{\frac{1}{2}+z}{\frac{1}{4}+x^2-\frac{1}{2}+1}\\
=&\frac{\frac{1}{2}+x}{\frac{3}{4}+y^2}+\frac{\frac{1}{2}+y}{\frac{3}{4}+z^2}+\frac{\frac{1}{2}+z}{\frac{3}{4}+x^2}\\
\leqslant&\frac{\frac{1}{2}+x+\frac{1}{2}+y+\frac{1}{2}+z+\frac{1}{2}+w}{\frac{3}{4}}=\frac{8}{3}
\end{aligned}$$

当且仅当 $x+y+z+w=0$ 时取等号，即原不等式成立，当且仅当 $a=b=c=d=\frac{1}{2}$ 时取等号.

例 3 已知 a, b, c 为正实数，$a+b+c=3$，求证：$a^2+b^2+c^2+abc \geqslant 4$.

证明 设 $a=1+x, b=1+y, c=1+z$，则 $-1<x, y, z<2$，且 $x+y+z=0$，得

$$\begin{aligned}
a^2+b^2+c^2+abc=&3+2(x+y+x)+x^2+y^2+z^2+1+\\
&(x+y+z)+xy+yz+zx+xyz\\
=&4+x^2+y^2+z^2+xy+yz+zx+xyz
\end{aligned}$$

① 不妨 $x \geqslant 0, y \leqslant 0, z \leqslant 0$，则 $x^2+y^2+z^2 \geqslant xy+yz+zx, xyz \geqslant 0$，命题成立；

② 不妨 $x \leqslant 0, y \geqslant 0, z \geqslant 0$，则 $x(x+y+z)=0, (y-z)^2+yz(3+x) \geqslant 0$，命题成立.

综上，原不等式成立，当且仅当 $a=b=c=1$ 时，等式成立.

例 4 设非负实数 x, y, z 满足 $x+y+z=1$，求证：

$$8 \leqslant \frac{3+x}{1+x^2}+\frac{3+y}{1+y^2}+\frac{3+z}{1+z^2} \leqslant 9$$

证明　设 $x=\frac{1}{3}+a, y=\frac{1}{3}+b, x=\frac{1}{3}+c, -\frac{1}{3}\leqslant a,b,c\leqslant \frac{2}{3}$，得

$$\frac{3+x}{1+x^2}+\frac{3+y}{1+y^2}+\frac{3+z}{1+z^2}=\frac{3+\frac{1}{3}+a}{1+\frac{1}{9}+\frac{2}{3}a+a^2}+\frac{3+\frac{1}{3}+b}{1+\frac{1}{9}+\frac{2}{3}b+b^2}+\frac{3+\frac{1}{3}+c}{1+\frac{1}{9}+\frac{2}{3}c+c^2}$$

$$=3\left(\frac{10+3a}{10+6a+9a^2}+\frac{3+y}{10+6b+9b^2}+\frac{3+z}{10+6c+9c^2}\right)$$

$$=3\left[3-\left(\frac{3a+9a^2}{10+6a+9a^2}+\frac{3b+9b^2}{1+b^2}+\frac{3c+9c^2}{1+z^2}\right)\right]$$

对于函数 $f(x)=-\frac{3x+9x^2}{10+6x+9x^2}\left(-\frac{1}{3}\leqslant x\leqslant \frac{2}{3}\right)$. 其图像如图 1 所示，忽略微小差异，可看作下凹函数，所以

$$f(a)+f(b)+f(c)=-\frac{3a+9a^2}{10+6a+9a^2}-\frac{3b+9b^2}{1+b^2}-\frac{3c+9c^2}{1+z^2}$$

$$\leqslant 3\cdot f\left(\frac{a+b+c}{3}\right)$$

$$=-3\cdot\frac{3\cdot\frac{a+b+c}{3}+9\cdot\left(\frac{a+b+c}{3}\right)^2}{10+6\,\frac{a+b+c}{3}+9\,\left(\frac{a+b+c}{3}\right)^2}=0$$

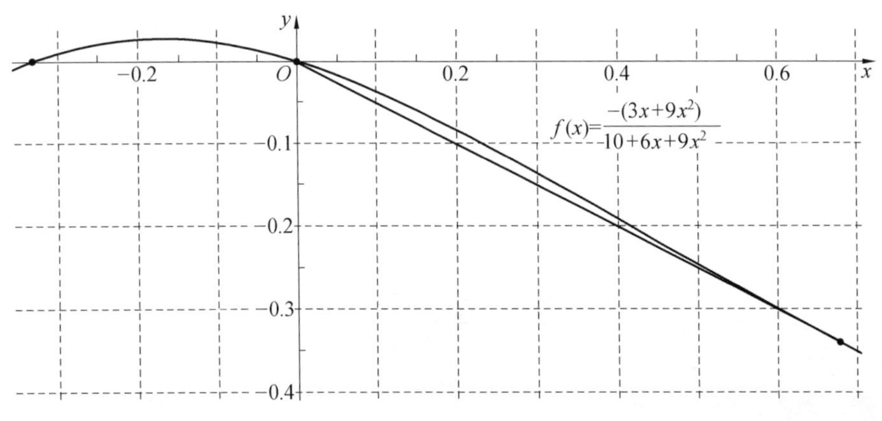

图 1

当且仅当 $a=b=c=0$ 时取等号，即 $\frac{3+x}{1+x^2}+\frac{3+y}{1+y^2}+\frac{3+z}{1+z^2}\leqslant 9$ 成立，当且仅当 $x=y=z=\frac{1}{3}$ 时取等号. 对于 $8\leqslant \frac{3+x}{1+x^2}+\frac{3+y}{1+y^2}+\frac{3+z}{1+z^2}$ 也成立，当且仅当三个变量两个取 0，一个取 1 时取等号. 因与“平抑法”无关，过程略.

例 5 设正数 x,y,z 满足 $xy+yz+zx=3$，求证：

$$\frac{xy(x+y)}{xy+3}+\frac{yz(y+z)}{yz+3}+\frac{zx(z+x)}{zx+3}\geqslant \frac{x+y+z}{2}$$

证明 设 $xy=1+a,yz=1+b,zx=1+c$，则 $-1<a,b,c<2$，且 $a+b+c=0$，得

$$xyz=\sqrt{(1+a)(1+b)(1+c)}$$

设为 $m\Rightarrow x=\frac{m}{1+b},x=\frac{m}{1+c},x=\frac{m}{1+a}$，即证

$$\frac{(1+a)m\left(\frac{1}{1+b}\right)\left(\frac{1}{1+c}\right)}{4+a}+\frac{(1+b)m\left(\frac{1}{1+c}\right)\left(\frac{1}{1+a}\right)}{4+b}+\frac{(1+c)m\left(\frac{1}{1+a}\right)\left(\frac{1}{1+b}\right)}{4+c}$$

$$\geqslant \frac{m}{2}\left(\frac{1}{1+a}+\frac{1}{1+b}+\frac{1}{1+c}\right)$$

亦即

$$\left(\frac{1+a}{4+a}-\frac{1}{4}\right)\left(\frac{1}{1+b}+\frac{1}{1+c}\right)+\left(\frac{1+b}{4+b}-\frac{1}{4}\right)\left(\frac{1}{1+c}+\frac{1}{1+a}\right)+$$
$$\left(\frac{1+c}{4+c}-\frac{1}{4}\right)\left(\frac{1}{1+a}+\frac{1}{1+b}\right)\geqslant 0$$

$$\frac{3a}{4(4+a)}\cdot\frac{2-a}{(1+b)(1+c)}\cdot\frac{1+a}{1+a}+\frac{3a}{4(4+a)}\cdot\frac{2-a}{(1+b)(1+c)}\cdot\frac{1+a}{1+a}+$$
$$\frac{3a}{4(4+a)}\cdot\frac{2-a}{(1+b)(1+c)}\cdot\frac{1+a}{1+a}\geqslant 0$$

【课外训练】

1. 设正数 x,y,z 满足 $\frac{1}{x+2}+\frac{1}{y+2}+\frac{1}{z+2}=1$，求证：$\frac{1}{\sqrt{x}}+\frac{1}{\sqrt{x}}+\frac{1}{\sqrt{x}}\geqslant \sqrt{x}+\sqrt{y}+\sqrt{z}$.

2. 已知：$a,b,c\geqslant 0$，求证：$\frac{1}{a^2+b^2}+\frac{1}{b^2+c^2}+\frac{1}{c^2+a^2}\geqslant \frac{10}{(a+b+c)^2}$.

3. 已知:$a,b,c,d>0$,$abcd=1$,$a,b,c,d\neq\frac{1}{3}$，求证：$\frac{1}{(3a-1)^2}+\frac{1}{(3b-1)^2}+\frac{1}{(3c-1)^2}+\frac{1}{(3d-1)^2}\geqslant 1$.

4. 已知三实数满足 $-1<a,b,c<2$，且 $a+b+c=0$，求证：$\frac{a(2-a)(1+a)}{4+a}+\frac{b(2-b)(1+b)}{4+b}+\frac{c(2-c)(1+c)}{4+c}\geqslant 0$.

5. 已知三实数满足 $-1<a,b,c<2$，且 $a+b+c=0$，求证：$4\left(\frac{1}{a+4}+\frac{1}{a+4}+\frac{1}{a+4}\right)\geqslant\frac{a^2+b^2+c^2}{27}+3$.

第 21 章　运用局部调整法证明不等式

> 发明是百分之一的灵感加上百分之九十九的血汗.
>
> —— 爱迪生(美国)

【知识梳理】

在中学数学竞赛中,局部调整法(又称磨光法)是证明不等式常用的手段与技巧,它主要指以下定理.

定理　设 D 是 $x_1+x_2+\cdots+x_n=m$ 上的对称凸域,在 D 上的连续对称函数 $f(x_1,x_2,\cdots,x_n)$ 满足:对任意的 $(x_1,x_2,\cdots,x_n)$ 都有

$$f(x_1,x_2,x_3,\cdots,x_n)\geqslant f\left(\frac{x_1+x_2}{2},\frac{x_1+x_2}{2},x_3,\cdots,x_n\right)$$

则必有

$$f(x_1,x_2,\cdots,x_n)\geqslant f\left(\frac{m}{n},\frac{m}{n},\cdots,\frac{m}{n}\right)$$

比如著名的公式:$a,b\in\mathbf{R},\frac{a^2+b^2}{2}\geqslant\left(\frac{a+b}{2}\right)^2$,可以理解成

$$\frac{a^2+b^2}{2}\geqslant\frac{\left(\frac{a+b}{2}\right)^2+\left(\frac{a+b}{2}\right)^2}{2}$$

【例题分析】

例 1　已知 $n\geqslant 2,n\in\mathbf{N},x_i(i=1,2,\cdots,n)\geqslant 0$,求证:

$$\frac{x_1+x_2+\cdots+x_n}{n}\geqslant\sqrt[n]{x_1x_2\cdots x_n}$$

证明　$\frac{x_1+x_2+\cdots+x_n}{n}-\sqrt[n]{x_1x_2\cdots x_n}$

$$\geqslant \frac{\frac{x_1+x_2}{2}+\frac{x_1+x_2}{2}+x_3+\cdots+x_n}{n}-$$

$$\sqrt[n]{\frac{x_1+x_2}{2}\cdot\frac{x_1+x_2}{2}\cdot x_3\cdot\cdots\cdot x_n}$$

$$\Leftrightarrow \sqrt[n]{\left(\frac{x_1+x_2}{2}\right)^2\cdot x_3\cdot\cdots\cdot x_n}\geqslant\sqrt[n]{x_1x_2\cdots x_n}\Leftrightarrow\left(\frac{x_1+x_2}{2}\right)^2$$

$$\geqslant x_1x_2$$

成立，所以无限次调整下去，左边减去右边会越来越小，直至所有的 $x_i(i=1,2,\cdots,n)$ 都相等，此时左边减右边为 0，所以原命题成立.

评注　局部调整法(又称磨光法)，最关键的是无限次调整下去，左边减去右边会越来越小，直至所有的 $x_i(i=1,2,\cdots,n)$ 都相等.

例 2　$a,b,c>0$，求证：

$$\frac{63}{2}+\frac{(a+b+c)(a^2+b^2+c^2)}{abc}\geqslant\frac{27}{2}\cdot\frac{a+b+c}{\sqrt[3]{abc}}$$

证明　由于欲证不等式为齐次不等式，所以不妨设 $abc=1$. 设

$$f(a,b,c)=(a+b+c)(a^2+b^2+c^2)-\frac{27}{2}(a+b+c)+\frac{63}{2}$$

我们有

$$f(a,b,c)-f(a,\sqrt{bc},\sqrt{bc})$$

$$=(a+b+c)(a^2+b^2+c^2)-\frac{27}{2}(a+b+c)-(a+2\sqrt{bc})(a^2+2bc)+\frac{27}{2}(a+2\sqrt{bc})$$

$$=a(b-c)^2+a^2(\sqrt{b}-\sqrt{c})^2+(b+c)(b^2+c^2)-4bc\sqrt{bc}-\frac{27}{2}(\sqrt{b}-\sqrt{c})^2$$

$$=(\sqrt{b}-\sqrt{c})^2\left((b+c+\sqrt{bc})^2+bc+a(\sqrt{b}+\sqrt{c})^2+a^2-\frac{27}{2}\right)$$

$$\geqslant(\sqrt{b}-\sqrt{c})^2\left(10bc+4a\sqrt{bc}+a^2-\frac{27}{2}\right)$$

$$=(\sqrt{b}-\sqrt{c})^2\left(\frac{10}{a}+4\sqrt{a}+a^2-\frac{27}{2}\right)$$

$$=(\sqrt{b}-\sqrt{c})^2\left(\frac{10}{3a}+\frac{10}{3a}+\frac{10}{3a}+2\sqrt{a}+2\sqrt{a}+a^2-\frac{27}{2}\right)$$

$$\geqslant(\sqrt{b}-\sqrt{c})^2\left(6\sqrt[6]{\frac{10}{3a}\cdot\frac{10}{3a}\cdot\frac{10}{3a}\cdot2\sqrt{a}\cdot2\sqrt{a}\cdot a^2}-\frac{27}{2}\right)$$

$$\geqslant(\sqrt{b}-\sqrt{c})^2\left(6\sqrt[6]{\frac{4\ 000}{27}}-\frac{27}{2}\right)\geqslant 0$$

下面继续调整$\sqrt{bc}$ 和 a，反复调整其中的两个变量，直至无穷，由极限知识知

$$f(a,b,c)\geqslant f(\sqrt[3]{abc},\sqrt[3]{abc},\sqrt[3]{abc})=f(1,1,1)=8$$

评注　(1) 证明后半部分，也可直接证 $f(a,\sqrt{bc},\sqrt{bc})\geqslant 0$. 若令$\sqrt{bc}=t,a=\frac{1}{t^2}$，只要证

$$\left(\frac{1}{t^2}+2t\right)\left(\frac{1}{t^4}+2t^2\right)-\frac{27}{2}\left(\frac{1}{t^2}+2t\right)+\frac{63}{2}\geqslant 0$$

$$(t-1)^2(8t^7+16t^6-30t^5-9t^4+12t^3+6t^2+4t+2)\geqslant 0$$

此时易由

$$16t^6+8t^3=8t^6+8t^6+8t^3\geqslant 3\sqrt[3]{8t^6\cdot 8t^6\cdot 8t^3}=24t^5$$

$$3t^7+3t^3\geqslant 6t^5,t^7+4t\geqslant 4t^4$$

$$4t^7+t^3+6t^2+1=2t^7+t^7+t^7+t^3+3t^2+3t^2+1$$

$$\geqslant 7\sqrt[7]{2t^7\cdot t^7\cdot t^7\cdot t^3\cdot 3t^2\cdot 3t^2\cdot 1}=7\sqrt[7]{18}t^4\geqslant 5t^4$$

知结论成立.

(2) 采取后者证明时，还可以不妨设 $t\geqslant 1$. 此时

$$8t^7+16t^6-30t^5-9t^4+12t^3+6t^2+4t+2$$
$$=(t-1)(8t^6+24t^5-6t^4-15t^3-3t^2+3t+7)+9$$
$$=(t-1)[(t-1)(8t^5+32t^4+26t^3+11t^2+8t+11)+18]+9\geqslant 0$$

例 3　在 $\triangle ABC$ 中，求证：$\frac{\cos^2 A}{1+\cos A}+\frac{\cos^2 B}{1+\cos B}+\frac{\cos^2 C}{1+\cos C}\geqslant\frac{1}{2}$.

证明　不妨设 $\angle A$ 是最小内角，

$$左边=f(A,B,C)=\frac{\cos^2 A-1+1}{1+\cos A}+\frac{\cos^2 B-1+1}{1+\cos B}+\frac{\cos^2 C-1+1}{1+\cos C}$$

$$=\cos A+\frac{1}{1+\cos A}+\cos B+\frac{1}{1+\cos B}+\cos C+\frac{1}{1+\cos C}-3$$

$$=\cos A+\frac{1}{1+\cos A}+2\cos\frac{B+C}{2}\cdot\cos\frac{B-C}{2}+$$

$$\frac{2+2\cos\frac{B+C}{2}\cdot\cos\frac{B-C}{2}}{4\cos^2\frac{B}{2}\cdot\cos^2\frac{C}{2}}-3$$

$$=\cos A+\frac{1}{1+\cos A}+2\cos\frac{B+C}{2}\cdot\cos\frac{B-C}{2}+$$

$$\frac{2+2\cos\frac{B+C}{2}\cdot\cos\frac{B-C}{2}}{\left(\cos\frac{B+C}{2}+\cos\frac{B-C}{2}\right)^2}-3$$

所以

$$f(A,B,C)-f\left(A,\frac{B+C}{2},\frac{B+C}{2}\right)$$

$$=2\sin\frac{A}{2}\left(\cos\frac{B-C}{2}-1\right)+\left[\frac{2+2\sin\frac{A}{2}\cdot\cos\frac{B-C}{2}}{\left(\sin\frac{A}{2}+\cos\frac{B-C}{2}\right)^2}-\frac{2}{\sin\frac{A}{2}+1}\right]$$

$$=2\sin\frac{A}{2}\left(\cos\frac{B-C}{2}-1\right)+$$

$$\frac{\left(2+2\sin\frac{A}{2}\cdot\cos\frac{B-C}{2}\right)\left(\sin\frac{A}{2}+1\right)-2\left(\sin\frac{A}{2}+\cos\frac{B-C}{2}\right)^2}{\left(\sin\frac{A}{2}+1\right)\left(\sin\frac{A}{2}+\cos\frac{B-C}{2}\right)^2}$$

$$=2\left(1-\cos\frac{B-C}{2}\right)\left[\frac{\sin\frac{A}{2}+1+\cos\frac{B-C}{2}-\sin^2\frac{A}{2}}{\left(\sin\frac{A}{2}+1\right)\left(\sin\frac{A}{2}+\cos\frac{B-C}{2}\right)^2}-\sin\frac{A}{2}\right]$$

$$=2\left(1-\cos\frac{B-C}{2}\right)\left[\frac{1}{\left(\sin\frac{A}{2}+1\right)\left(\sin\frac{A}{2}+\cos\frac{B-C}{2}\right)}+\right.$$

$$\left.\frac{1-\sin^2\frac{A}{2}}{\left(\sin\frac{A}{2}+1\right)\left(\sin\frac{A}{2}+\cos\frac{B-C}{2}\right)^2}-\sin\frac{A}{2}\right]$$

$$\geqslant 2\left(1-\cos\frac{B-C}{2}\right)\left[\frac{1}{\left(\sin\frac{A}{2}+1\right)^2}+\frac{1-\sin^2\frac{A}{2}}{\left(\sin\frac{A}{2}+1\right)^3}-\sin\frac{A}{2}\right]$$

$$\geqslant 2\left(1-\cos\frac{B-C}{2}\right)\frac{2-4\cdot\left(\frac{1}{2}\right)^2-3\cdot\left(\frac{1}{2}\right)^3-\left(\frac{1}{2}\right)^4}{\left(\sin\frac{A}{2}+1\right)^3}\geqslant 0$$

下证 $f\left(A,\frac{B+C}{2},\frac{B+C}{2}\right)=f\left(A,\frac{\pi-A}{2},\frac{\pi-A}{2}\right)\geqslant\frac{1}{2}$. 若设 $x=\sin\frac{A}{2}\in$

$\left(0,\frac{1}{2}\right]$,即只要证

$$\cos A+\frac{1}{1+\cos A}+2\sin\frac{A}{2}+\frac{2}{1+\sin\frac{A}{2}}\geqslant\frac{7}{2}$$

$$\Leftrightarrow 1-2x^2+\frac{1}{2-2x^2}+2x+\frac{2}{1+x}\geqslant\frac{7}{2}\Leftrightarrow x^2(1-4x+4x^2)\geqslant 0$$

至此结论得证.

评注 三角函数中需要不等式问题,可用如此局部调整法(又称磨光法)去证明.

例 4 (1) 给定 100 个实数 $x_i(1\leqslant i\leqslant 100)$,$x_1+x_2+\cdots+x_{100}=1$,且 $|x_i-x_{i+1}|<\frac{1}{50}(1\leqslant i\leqslant 99)$,求证:可以选出其中的 50 个数,使得它们的和与 $\frac{1}{2}$ 的差不超过 $\frac{1}{100}$.

(2) 设 $a_1,a_2,\cdots,a_n>0$,$a_1a_2\cdots a_n=1$,求证:

$$\frac{1}{a_1}+\frac{1}{a_2}+\cdots+\frac{1}{a_n}+\frac{2n}{a_1+a_2+\cdots+a_n}\geqslant n+2$$

证明 (1) 考虑 $x_1+x_2+\cdots+x_{50}$,若它满足题意,则证毕. 不然不妨设 $x_1+x_2+\cdots+x_{50}<\frac{1}{2}-\frac{1}{100}$ 和 $x_{51}+x_{52}+\cdots+x_{100}>\frac{1}{2}+\frac{1}{100}$,下面考虑变化

$$x_1+x_2+\cdots+x_{50}\rightarrow x_2+x_3+\cdots+x_{51},$$
$$x_2+x_3+\cdots+x_{51}\rightarrow x_3+x_4+\cdots+x_{52},$$
$$\cdots$$
$$x_{50}+x_{51}+\cdots+x_{99}\rightarrow x_{51}+x_{52}+\cdots+x_{100}$$

每一个变化的差距都小于 $\frac{1}{50}$,$x_1+x_2+\cdots+x_{50}$ 如何变化到 $x_{51}+x_{52}+\cdots+x_{100}$ 呢? 即点中如何从区间 $\left(-\infty,\frac{1}{2}-\frac{1}{100}\right)$“跳”到 $\left(\frac{1}{2}+\frac{1}{100},+\infty\right)$,则易知以上 51 个数必有其中的一个数落在区间 $\left[\frac{1}{2}-\frac{1}{100},\frac{1}{2}+\frac{1}{100}\right]$,证毕.

(2) 由于对称性,不妨设 $a_1\leqslant a_2\leqslant\cdots\leqslant a_n$,且设

$$f(a_1,a_2,\cdots,a_n)=\frac{1}{a_1}+\frac{1}{a_2}+\cdots+\frac{1}{a_n}+\frac{2n}{a_1+a_2+\cdots+a_n}-n-2$$

则

$$f(a_1,a_2,\cdots,a_n)-f(\sqrt{a_1a_{n-1}},a_2,\cdots,a_{n-2},\sqrt{a_1a_{n-1}},a_n)$$

$$=\frac{1}{a_1}+\frac{1}{a_{n-1}}-\frac{2}{\sqrt{a_1a_{n-1}}}+\frac{2n}{a_1+a_2+\cdots+a_n}-$$

$$\frac{2n}{2\sqrt{a_1a_{n-1}}+a_2+\cdots+a_{n-2}+a_n}$$

$$=\frac{(\sqrt{a_{n-1}}-\sqrt{a_1})^2\left[(a_1+a_2+\cdots+a_n)(2\sqrt{a_1a_{n-1}}+a_2+\cdots+a_{n-2}+a_n)-2na_1a_{n-1}\right]}{a_1a_{n-1}(a_1+a_2+\cdots+a_n)(2\sqrt{a_1a_{n-1}}+a_2+\cdots+a_{n-2}+a_n)}$$

$$=\frac{(\sqrt{a_{n-1}}-\sqrt{a_1})^2\left[((n-2)a_1+2a_{n-1})(2\sqrt{a_1a_{n-1}}+(n-3)a_1+a_{n-1})-2na_1a_{n-1}\right]}{a_1a_{n-1}(a_1+a_2+\cdots+a_n)(2\sqrt{a_1a_{n-1}}+a_2+\cdots+a_{n-2}+a_n)}$$

$$\geqslant\frac{(n-2)a_{n-1}a_1\left(\sqrt{a_{n-1}}-\sqrt{a_1}\right)^2}{a_1a_{n-1}(a_1+a_2+\cdots+a_n)(2\sqrt{a_1a_{n-1}}+a_2+\cdots+a_{n-2}+a_n)}\geqslant 0$$

除了自变量的最大值外，此类调整在其余 $n-1$ 个量进行，直到它们的几何平均 $1/t$，此时自变量的最大值为 $t^{n-1}(t\geqslant 1)$. 下面只要证 $f\left(\frac{1}{t},\frac{1}{t},\cdots,\frac{1}{t},t^{n-1}\right)\geqslant 0$ 即可.

$$(n-1)t+\frac{1}{t^{n-1}}+\frac{2n}{\frac{n-1}{t}+t^{n-1}}-n-2\geqslant 0$$

$$\Leftrightarrow g(t)\overset{Def.}{=}(n-1)t^{2n}-(n+2)t^{2n-1}+(n^2+2)t^n-$$
$$(n^2+n-2)t^{n-1}+n-1\geqslant 0 \qquad (*)$$

此时

$$g'(t)=t^{n-2}\left[2n(n-1)t^{n+1}-(n+2)(2n-1)t^n+n(n^2+2)t-\right.$$
$$\left.(n^2+n-2)(n-1)\right]$$

$$\left(\frac{g'(t)}{t^{n-2}}\right)'=n\left[2(n-1)(n+1)t^n-(n+2)(2n-1)t^{n-1}+(n^2+2)\right]$$

$$=n[\overbrace{2(n+1)t^n+2(n+1)t^n+\cdots+2(n+1)t^n}^{n-1}+(n^2+2)-(n+2)(2n-1)t^{n-1}]$$

$$\geqslant n\left[n\sqrt[n]{2^{n-1}(n+1)^{n-1}t^{n(n-1)}\cdot(n^2+2)}-(n+2)(2n-1)t^{n-1}\right]$$

$$\geqslant nt^{n-1}\left[n\sqrt[n]{2^{n-1}(n+1)^{n-1}(n^2+2)}-(n+2)(2n-1)\right]\geqslant 0$$

所以 $\frac{g'(t)}{t^{n-2}}$ 为单调增加函数，$\frac{g'(t)}{t^{n-2}}\geqslant\frac{g'(1)}{1^{n-2}}=0$，$g(t)$ 为单调增加函数，$g(t)\geqslant g(1)=0$，此即为(*)式.

评注 有些分式不等式证明难度较大，有时可以考虑用局部调整法（又称磨光法）来证明.

例5 空间有2 003个点，其中任何三点不共线，把它们分成点数各不相同的30组，在任何三个不同的组中各取一点为顶点作三角形，问要使这种三角形的总数最大，各组的点数应为多少？

解 设分成的30组的点数分别是$n_1,n_2,\cdots,n_{30}$，其中$n_i(i=1,2,\cdots,30)$互不相等，则满足题设的三角形的总数为$S=\sum\limits_{1\leqslant i<j<k\leqslant 30} n_in_jn_k$. 不妨设$n_1<n_2<\cdots<n_{30}$.

(1) 在$n_1,n_2,\cdots,n_{30}$中，让n_1,n_2变化，其余各组的点数不变，因为n_1+n_2的值不变，注意到

$$S=n_1n_2\sum_{3\leqslant k\leqslant 30} n_k+(n_1+n_2)\sum_{3\leqslant j<k\leqslant 30} n_jn_k+\sum_{3\leqslant i<j<k\leqslant 30} n_in_jn_k \qquad ①$$

要使S的值最大，只需n_1n_2的值最大. 如果$n_2-n_1\geqslant 3$，令$n'_1=n_1+1,n'_2=n_2-1$，则

$$n'_1+n'_2=n_1+n_2$$

$$n'_1n'_2=(n_1+1)(n_2-1)=n_1n_2+n_2-n_1-1>n_1n_2$$

S的值变大. 因此要使S的值最大，对任何$1\leqslant i\leqslant 29$都有$n_{i+1}-n_i\leqslant 2$.

(2) 若$n_1,n_2,\cdots,n_{30}$中，使$n_{i+1}-n_i=2(1\leqslant i\leqslant 29)$的$i$的值不少于2个，不妨设$1\leqslant i<j\leqslant 29,n_{i+1}-n_i=2,n_{j+1}-n_j=2$. 类似(1)，令$n'_i=n_i+1,n'_{j+1}=n_{j+1}-1$，其余各组的点数不变，则$S$的值变大. 因此要使$S$的值最大，至多有一个$i$使$n_{i+1}-n_i=2$.

(3) 若对任何$1\leqslant i\leqslant 29,n_{i+1}-n_i=1$. 设这30组的点数分别是$m-14,m-13,\cdots,m+15$，则$30m+15=2\ 003$，这是不可能的.

综上，要使S的值最大，对任何$1\leqslant i\leqslant 29$在$n_{i+1}-n_i$中恰有一个为2，其余均为1. 设这30组的点数分别是$m,m+1,\cdots,m+t-1,m+t+1,\cdots,m+30(1\leqslant t\leqslant 29)$，则

$$m+(m+1)+\cdots+(m+t-1)+(m+t+1)+\cdots+(m+30)=2\ 003$$

即$30m+465-t=2\ 003$，解得$m=52,t=22$. 所以当分成的30组的点数分别是52,53,…,73,75,…,82时，能使三角形的总数最大.

评注 有些组合几何题，最好的方法就用局部调整法（又称磨光法）来解决.

【课外训练】

1.(1) 设 a,b,c,d 为正数,$a+b+c+d=1$,求证:

$$\left(a+\frac{1}{a}\right)\left(b+\frac{1}{b}\right)\left(c+\frac{1}{c}\right)\left(d+\frac{1}{d}\right)\geqslant\left(\frac{17}{4}\right)^{4}$$

(2) 设 a,b,c 为正数,求证:

$$\left(a+\frac{1}{a}\right)\left(b+\frac{1}{b}\right)\left(c+\frac{1}{c}\right)\geqslant\left(\sqrt[3]{abc}+\frac{1}{\sqrt[3]{abc}}\right)^{3}$$

2. 在 $\triangle ABC$ 中,求证:$\sum\sin B\sin C\cos\frac{A}{2}\leqslant\frac{9\sqrt{3}}{8}$.

3.(1) 设 $a_1,a_2,\cdots,a_n>0$,$a_1a_2\cdots a_n=1$,求证:

$$\frac{1}{a_1}+\frac{1}{a_2}+\cdots+\frac{1}{a_n}+\frac{n}{a_1+a_2+\cdots+a_n}\geqslant n+1$$

(2) 已知 $a,b,c,d>0$ 和 $a^2+b^2+c^2+d^2=4$,求证:

$$\frac{a+b+c+d}{2}\leqslant\sqrt[3]{(1+abcd)\left(\frac{1}{a}+\frac{1}{b}+\frac{1}{c}+\frac{1}{d}\right)}$$

4.(1) 设 $x_1,x_2,\cdots,x_{100}$ 为正的自然数,且 $x_1+x_2+\cdots+x_{100}=2\ 013$,求 $x_1^2+x_2^2+\cdots+x_{100}^2$ 的最小值与最大值.

(2) 对于满足条件 $x_1+x_2+\cdots+x_n=1$ 的非负数 $x_1,x_2,\cdots,x_n$,求 $\sum\limits_{i=1}^{n}(x_i^4-x_i^5)$ 的最大值.

5. 已知边长为 4 的正 $\triangle ABC$,D,E,F 分别是 BC,CA,AB 上的点,且 $|AE|=|BF|=|CD|=1$,联结 AD,BE,CF,交成 $\triangle RQS$,点 P 在 $\triangle RQS$ 内及其边上移动,点 P 到 $\triangle ABC$ 三边的距离分别记作 x,y,z.

(1) 求证:当点 P 在 $\triangle RQS$ 的顶点时,乘积 xyz 有极小值;

(2) 求上述乘积的极小值.

第22章　运用不等式切线法证题

一个人在科学探索的道路上走过弯路、犯过错误并不是坏事,更不是什么耻辱,要在实践中勇于承认和改正错误.　——爱因斯坦(美国)

【知识梳理】

切线法不等式即设限法.

1.切线法:设 $f(x)$ 为实值向下凸函数,$m,n\in\mathbf{R},x\in(m,n)$,直线 $y=ax+b$ 与 f 相切于(m,n),假设:在 $x\in(m,n)$ 区间,始终有

$$f(x)\geqslant ax+b \qquad ①$$

则式①就称为切线不等式.

当 $f(x)\leqslant ax+b$ 时,前面加负号就可以采用①式.

2.指数不等式:$\mathrm{e}^x\geqslant x+1(x>-1)$.

函数为:$f(x)=\mathrm{e}^x$,为向下凸函数.

则 $f'(0)=\mathrm{e}^0=1,f(0)=\mathrm{e}^0=1$,在 $x=0$ 处的切线方程为

$$y=f'(0)(x-0)+f(0)=x+1$$

故在 $x>-1$ 区间,由①式得 $f(x)\geqslant x+1$,即

$$\mathrm{e}^x\geqslant x+1 \qquad ②$$

②式就是指数不等式.

3.对数不等式:$\ln x<x-1(x>0)$.

函数为:$f(x)=\ln x$,为向上凸函数.

设 $g(x)=-f(x)=-\ln x$,则 $g(x)$ 为向下凸函数.

则 $g'(1)=-\dfrac{1}{x}\Big|_{x=1}=-1,g(1)=-\ln x\,|_{x=1}=0$,在 $x=1$ 处的切线方程为

$$y=g'(1)(x-1)+g(1)=-(x-1)$$

故在 $x>0$ 区间，由 ① 式得

$$g(x)\geqslant-(x-1)$$

即

$$-\ln x\geqslant-(x-1)$$

即

$$\ln x\leqslant x-1 \tag{③}$$

③ 式就是对数不等式.

【例题分析】

例 1　已知：$a,b,c,d>0,a+b+c+d=0$，求证：

$$\sum\sqrt{1+\frac{7a}{b+c+d}}\geqslant 4\sqrt{\frac{10}{3}}$$

证明　$$a+b+c+d=4\Rightarrow f(x)=\sqrt{1+\frac{7x}{4-x}}\Rightarrow f(x)$$

$$\geqslant\left(\frac{1}{3}\sqrt{\frac{2}{15}}(8+7x)\right)\Leftrightarrow\frac{(x-1)^2(7x+2)}{4-x}\geqslant 0$$

显然成立，求和既证.

注　$a_k\geqslant 0,\sum a_k=n,k\in\mathbf{N}^*$，求证：$\sum\limits_{k=1}^{n}\sqrt{1+\frac{7a_k}{\sum\limits_{j\neq k}a_j}}\geqslant n\sqrt{\frac{n+6}{n-1}}$，只需构造

$$\sqrt{1+\frac{7x}{n-x}}\geqslant\frac{7nx+2n^2+3n-12}{2(\sqrt{n-1})^3\sqrt{n+3}}$$

例 2　已知：$a,b,c>-\frac{3}{4},a+b+c=1$，求证：

$$\frac{a}{a^2+1}+\frac{b}{b^2+1}+\frac{c}{c^2+1}\leqslant\frac{9}{10}$$

证明　我们希望得到这样一个局部：

$$\frac{a}{a^2+1}\leqslant ma+n\Leftrightarrow f(a)=ma^3+na^2+(m-1)a+n\geqslant 0$$

使得它含有至少两个因式$(3a-1)$.

故令 $f\left(\frac{1}{3}\right)=0,f'\left(\frac{1}{3}\right)=0$，解方程得到 $m=\frac{18}{25},n=\frac{3}{50}$.

故有$\frac{a}{a^2+1}\leqslant\frac{18}{25}a+\frac{3}{50}\Leftrightarrow(3a-1)^2(4a+3)\geqslant 0$,由条件知这是成立的.

评注　以上例1、例2为——

类型1:对于独立型$\left(\text{即}\sum_{k=1}^{n}f(x_k)\geqslant\text{常数}\right)$不等式,条件为多个字母的和可以是定值或变数.

我们可以寻找这样一个局部$f(x)\geqslant ax+b$并且求和得到原式,从其图像上看,右边的一次函数就是该图像在取等点处的切线,并且其一次项系数就是$f'(k)$,其中k是取等,这就是所谓的不等式切线法.

例3　已知:$a,b,c>0,a+b+c=1$,求证:$\sum\frac{a^2+bc}{a^2+1}\leqslant\frac{13}{20}$.

证明　由切线法配方得

$$\frac{a}{a^2+1}\leqslant\frac{12}{25}a+\frac{4}{25};\frac{1}{a^2+1}\leqslant 1-\frac{1}{2}a^2$$

故有

$$\sum\frac{a^2}{a^2+1}\leqslant\sum a\left(\frac{12}{25}a+\frac{4}{25}\right),\sum\frac{bc}{a^2+1}\leqslant\sum bc\left(1-\frac{1}{2}a^2\right)$$

下面只需证$\frac{12}{25}\sum a^2+\frac{4}{25}+\sum ab-\frac{1}{2}abc\leqslant\frac{13}{20}$,作$p,q,r$代换:$\Leftrightarrow(1-4q+9r)+41r\geqslant 0$,由三次舒尔不等式证显然成立!

例4　已知:$a,b,c>0,a+b+c=2$,求证:$\sum\frac{ab}{1+c^2}\leqslant 1$.

证明　注意到:$\frac{1}{1+x^2}\geqslant 1-\frac{x}{2}\Leftrightarrow x(x-1)^2\geqslant 0$.

$$\text{原不等式}\Leftrightarrow\sum ab-\sum\frac{abc^2}{1+c^2}=\sum ab-abc\sum c\left(\frac{1}{1+c^2}\right)$$

$$\leqslant\sum ab-abc\sum c\left(1-\frac{1}{c}\right)$$

只需证明:$abc\sum ab+1\geqslant\sum ab$,注意到四次舒尔不等式:

$$p^4-5p^2q+4q^2+6pr\geqslant 0$$

$$\Leftrightarrow 4-5q+q^2+3r\geqslant 0\Leftrightarrow r\geqslant\frac{(q-1)(4-q)}{3}$$

$$\Rightarrow qr+1-q\geqslant\frac{(q-1)(4-q)q}{3}+1-q=\frac{(3-q)(q-1)^2}{3}\geqslant 0$$

评注　以上例3、例4为——

类型2:有时对于不是独立式型的不等式,我们可以先去掉不是独立的部分,对剩下的部分运用切线.

比如$\sum \frac{g(x,y,z)}{f(x)} \geqslant$常数型,我们可以避开$g(x,y,z)$先寻找一个一次函数$ax+b$,使得$\frac{1}{f(x)} \geqslant ax+b$,这样达到了整式化的目的.

例5　已知:$a_i>0$,$\prod_{k=1}^{n} a_k \leqslant 1$,求证:$\sum_{k=1}^{n} \frac{1}{2a_k} \geqslant \sum_{k=1}^{n} \frac{1}{1+a_k}$.

证明　注意到$\ln x \geqslant \frac{x-1}{x}$,以及

$$\frac{x-1}{x}-\left(\frac{1}{1+x}-\frac{1}{2x}\right)=\frac{(x-1)^2}{x(x+1)} \geqslant 0$$

所以

$$\frac{1}{2x}-\frac{1}{1+x} \geqslant \frac{-\ln x}{4} \Rightarrow \text{左式}-\text{右式}=\sum_{k=1}^{n}\left(\frac{1}{2a_k}-\frac{1}{a_k+1}\right)$$
$$\geqslant -\frac{1}{4}\ln\left(\prod_{k=1}^{n} a_k\right) \geqslant 0$$

评注　以上例5为——

类型3:$\sum_{k=1}^{n} f(x_k) \geqslant$常数,并且变量乘积固定型.

我们可以寻找常数a,b使得$f(x) \geqslant a\ln x+b$,并且利用$\ln 1=0$求和,得到原式.

例6　已知:$a,b,c \in \mathbf{R}$,$a+b+c=3$,求证:

$$\frac{1}{5a^2-4a+11}+\frac{1}{5b^2-4b+11}+\frac{1}{5c^2-4c+11} \leqslant \frac{1}{4}$$

证明　切线原理构造局部

$$\frac{1}{5x^2-4x+11} \leqslant -\frac{1}{24}x+\frac{1}{8} \Leftrightarrow (x-1)^2(9-5x) \geqslant 0$$

倘若$a,b,c \leqslant \frac{9}{5}$,则证毕.

倘若存在$a>\frac{9}{5}$,那么$f(a)=5a^2-4a+11$的对称轴$\frac{2}{5}<\frac{9}{5}$,故$f(a)>f\left(\frac{9}{5}\right)=20$.

$$5b^2-4b+11=\frac{1}{5}(5b-2)^2+\frac{51}{5} \geqslant \frac{51}{5}$$

所以有左式 $\leqslant \frac{1}{20}+\frac{5}{51}+\frac{5}{51}<\frac{1}{4}$. 证毕.

评注 以上例 6 为——

类型 4:倘若构造的切线 $f(x)\geqslant ax+b$ 并不恒成立.

此时也没关系,这时我们得到的是原函数的一个割线,后面一般分类讨论即可.

例 7 已知:$x,y,z>0,x+y+z=1$,求证:

$$\sum \frac{x^3+3x^2y+5xy^2+7y^3}{x^2+3xy+5y^2}\geqslant \frac{16}{9}$$

证明 原不等式 $\Rightarrow \sum \frac{y^3}{x^2+3xy+5y^2}\geqslant \frac{1}{9}$

设 $f(x,y)=\frac{y^3}{x^2+3xy+5y^2}$,则有

$$\begin{cases} \frac{\partial f}{\partial x}=\frac{-y^3(2x+3y)}{(x^2+3xy+5y^2)^2}\Bigg|_{\substack{x=\frac{1}{3}\\ y=\frac{1}{3}}}=-\frac{5}{81} \\ \frac{\partial f}{\partial y}=\frac{(x^2+3xy+5y^2)3y^2-y^3(3x+10y)}{(x^2+3xy+5y^2)^2}\Bigg|_{\substack{x=\frac{1}{3}\\ y=\frac{1}{3}}}=\frac{14}{81} \end{cases}$$

$$f(x,y)-(-\frac{5}{81}x+\frac{14}{81}y)=\frac{(x-y)^2(5x+11y)}{81(x^2+3xy+5y^2)}\geqslant 0$$

所以有

$$\sum \frac{y^3}{x^2+3xy+5y^2}\geqslant \sum(-\frac{5}{81}x+\frac{14}{81}y)=\frac{1}{9}$$

例 8 已知:$a,b,c>0$,求证:$\sum \frac{(a+b)^3}{3a^2+3ab+b^2}\geqslant \frac{8}{7}\sum a$.

证明 由切线法配方 $\frac{(a+b)^3}{3a^2+3ab+b^2}\geqslant \frac{12a+44b}{49}$,求和即得

$$\sum \frac{(a+b)^3}{3a^2+3ab+b^2}\geqslant \frac{8}{7}\sum a$$

评注 以上例 7、例 8 为——

类型 5:切割面对于 $\sum f(x_k,x_{k+1})\geqslant$ 常数型,我们仍然可以运用切线配方原理.

不过这次我们构造的是 $f(x,y)\geqslant ax+by+c$,图像上是原函数的切面.

这时的系数 a,b 可以通过对 $f(x,y)$ 求偏导带入取等条件得到.

【课外训练】

1. 已知:$x,y,z\geqslant 0,x+y+z=1$,求证:$\sum\frac{3x^2-x}{1+x^2}\geqslant 0$.

2. 已知 $a,b,c,d>0,a+b+c+d=1$,求证:$6(a^3+b^3+c^3+d^3)\geqslant a^2+b^2+c^2+d^2+\frac{1}{8}$.

3. 已知:$a,b,c\geqslant 0,a+b+c=3$,求证:$\sum\frac{a^2+9}{2a^2+(b+c)^2}\leqslant 5$.

4. 已知:$a,b,c>0$,求证:$\sum\frac{(b+c-a)^2}{(b+c)^2+a^2}\geqslant\frac{3}{5}$.

5. 已知:$a,b,c>0$,求证:$\sum\frac{(2a+b+c)^2}{2a^2+(b+c)^2}\leqslant 8$.

参考答案

第1章　不等式六个基本量的证明和运用

1. $(ax+by)(ay+bx)=(ax+by)(bx+ay)\geqslant(\sqrt{ab}x+\sqrt{ab}y)^2=ab$，当且仅当$\frac{ax}{bx}=\frac{by}{ay}$，即$a=b$时取等号；$(ax+by)(ay+bx)\leqslant\left(\frac{ax+by+ay+bx}{2}\right)^2=\frac{(a+b)^2}{4}$，当且仅当$ax+by=ay+bx$，即$a=b$时取等号.

2. 由$abc\leqslant\left(\frac{a+b+c}{3}\right)^3=\frac{8}{27}$，及$a^2+b^2+c^2\geqslant\frac{1}{3}(a+b+c)^2=\frac{4}{3}$，可得$\frac{abc}{a^2+b^2+c^2}\leqslant\frac{2}{9}$，当且仅当$a=b=c=\frac{2}{3}$时取得等号.

3. (1) $x^3+y^3-(x^2y+xy^2)=x^2(x-y)+y^2(y-x)=(x-y)^2(x+y)\geqslant0$，$x^3+y^3\geqslant x^2y+xy^2$；或者可由$x^2+y^2\geqslant2xy$，$(x^2+y^2)(x+y)\geqslant2xy(x+y)$，展开得$x^3+y^3+x^2y+xy^2\geqslant2x^2y+2xy^2$，移项得$x^3+y^3\geqslant x^2y+xy^2$.

(2) 由(1)得$a^3+b^3\geqslant a^2b+ab^2$，$b^3+c^3\geqslant b^2c+bc^2$，$c^3+a^3\geqslant c^2a+ca^2$，三式相加得$2(a^3+b^3+c^3)\geqslant(a^2b+ab^2)+(b^2c+cb^2)+(c^2a+ca^2)$，所以有

$$\begin{aligned}3(a^3+b^3+c^3)&\geqslant(a^3+a^2b+ca^2)+(b^3+ab^2+b^2c)+(c^3+bc^2+c^2a)\\&=a^2(a+b+c)+b^2(a+b+c)+c^2(a+b+c)\\&=(a^2+b^2+c^2)(a+b+c)\end{aligned}$$

即

$$a^3+b^3+c^3\geqslant\frac{1}{3}(a^2+b^2+c^2)(a+b+c)$$

4. (1) 当$x>-1$时，$1+x>0$，$1+x^3>0$，所以

$$1-x+x^2=\frac{1+x^3}{1+x}>0(\text{或因为 }1-x+x^2=(x-\frac{1}{2})^2+\frac{3}{4}>0)$$

所以

$$\frac{1}{\sqrt{1+x^3}}=\frac{1}{\sqrt{(1+x)(1-x+x^2)}}\geqslant\frac{1}{\frac{(1+x)+(1-x+x^2)}{2}}=\frac{2}{2+x^2}$$

或者可证为

$$(2+x^2)^2\geqslant 4(1+x^3)$$

因为

$$(2+x^2)^2-4(1+x^3)=x^4-4x^3+4x^2=x^2(x-2)^2\geqslant 0$$

所以

$$(2+x^2)^2\geqslant 4(1+x^3)$$

(2) 由(1) 得$\frac{1}{\sqrt{1+a^3}}\geqslant\frac{2}{2+a^2}$,$\frac{1}{\sqrt{1+b^3}}\geqslant\frac{2}{2+b^2}$,$\frac{1}{\sqrt{1+c^3}}\geqslant\frac{2}{2+c^2}$,故

$$\frac{1}{\sqrt{1+a^3}}+\frac{1}{\sqrt{1+b^3}}+\frac{1}{\sqrt{1+c^3}}\geqslant\frac{2}{2+a^2}+\frac{2}{2+b^2}+\frac{2}{2+c^2}$$

再由柯西不等式可知

$$\frac{1}{2+a^2}+\frac{1}{2+b^2}+\frac{1}{2+c^2}\geqslant\frac{9}{(2+a^2)+(2+b^2)+(2+c^2)}=\frac{1}{2}$$

所以

$$\frac{1}{\sqrt{1+a^3}}+\frac{1}{\sqrt{1+b^3}}+\frac{1}{\sqrt{1+c^3}}\geqslant\frac{2}{2+a^2}+\frac{2}{2+b^2}+\frac{2}{2+c^2}\geqslant 1$$

当 $a=b=c=2$ 时取等号.

5.(1) 因为 $a>0,b>0$,所以

$$a^2+b+\frac{1}{a}\geqslant 3\sqrt[3]{ab}>0 \qquad ①$$

同理可证

$$a+\frac{1}{b}+\frac{1}{a^2}\geqslant 3\sqrt[3]{\frac{1}{ab}}>0 \qquad ②$$

由 ①,② 结合不等式的性质得

$$(a^2+b+\frac{1}{a})(a+\frac{1}{b}+\frac{1}{a^2})\geqslant 3\sqrt[3]{ab}\cdot 3\sqrt[3]{\frac{1}{ab}}=9$$

(2)
$$[(4-3a)^2+9b^2+(a-b)^2](1^2+1^2+3^2)$$
$$\geqslant[(4-3a)\cdot 1+3b\cdot 1+(a-b)\cdot 3]^2$$

所以

$$(4-3a)^2+9b^2+(a-b)^2\geqslant\frac{16}{11}$$

当且仅当$\frac{|4-3a|}{1}=\frac{|3b|}{1}=\frac{|a-b|}{3}$时取等号，解得$a=\frac{40}{33}$，$b=\frac{4}{33}$或$a=\frac{40}{27}$，$b=\frac{4}{27}$. 所以当$a=\frac{40}{33}$，$b=\frac{4}{33}$或$a=\frac{40}{27}$，$b=\frac{4}{27}$时，$(4-3a)^2+9b^2+(a-b)^2$取最小值$\frac{16}{11}$.

第2章　巧用均值不等式证题

1.(1) **证法一**　由柯西不等式可得

$$(ab+bc+ca)\left(\frac{1}{ab}+\frac{1}{bc}+\frac{1}{ca}\right)\geqslant 9$$

即

$$\frac{1}{ab}+\frac{1}{bc}+\frac{1}{ca}\geqslant\frac{9}{ab+bc+ca}$$

整理得

$$\frac{a+b+c}{9abc}\geqslant\frac{1}{ab+bc+ca}$$

证法二

$$\frac{a+b+c}{9abc}\geqslant\frac{3\sqrt[3]{abc}}{9abc}=\frac{1}{3\sqrt[3]{(abc)^2}}$$

又因为

$$ab+bc+ca\geqslant 3\sqrt[3]{(abc)^2}$$

所以

$$\frac{1}{3\sqrt[3]{(abc)^2}}\geqslant\frac{1}{ab+bc+ca}$$

因此

$$\frac{a+b+c}{9abc}\geqslant\frac{1}{3\sqrt[3]{(abc)^2}}\geqslant\frac{1}{ab+bc+ca}$$

得证.

(2) **解法一**

$$\begin{aligned}&(a+\frac{1}{b})^2+(b+\frac{1}{c})^2+(c+\frac{1}{a})^2\\&=\frac{1}{3}[(a+\frac{1}{b})^2+(b+\frac{1}{c})^2+(c+\frac{1}{a})^2](1+1+1)\\&\geqslant\frac{1}{3}(a+\frac{1}{b}+b+\frac{1}{c}+c+\frac{1}{a})^2\geqslant\frac{1}{3}\times 6^2=12\end{aligned}$$

当且仅当 $a=b=c$ 时取得等号.

解法二

$$\begin{aligned}&(a+\frac{1}{b})^2+(b+\frac{1}{c})^2+(c+\frac{1}{a})^2\\&=a^2+\frac{1}{a^2}+b^2+\frac{1}{b^2}+c^2+\frac{1}{c^2}+2\left(\frac{a}{b}+\frac{b}{c}+\frac{c}{a}\right)\\&\geqslant 2+2+2+2\times 3\sqrt[3]{\frac{a}{b}\cdot\frac{b}{c}\cdot\frac{c}{a}}=12\end{aligned}$$

当且仅当 $a=b=c$ 时取得等号.

2.
$$\begin{aligned}&\log_2(a+2b)+2\log_2(a+2c)\\&=\log_2[(a+2b)(a+2c)(a+2c)]\\&=\log_2\left[\frac{1}{2}(2a+4b)(a+2c)(a+2c)\right]\end{aligned}$$

因为

$$\begin{aligned}12&=4(a+b+c)=(2a+4b)+(a+2c)+(a+2c)\\&\geqslant 3\sqrt[3]{(2a+4b)(a+2c)(a+2c)}\end{aligned}$$

所以

$$(2a+4b)(a+2c)(a+2c)\leqslant 4^3$$

所以

$$\begin{aligned}\log_2(a+2b)+2\log_2(a+2c)&=\log_2\left[\frac{1}{2}(2a+4b)(a+2c)(a+2c)\right]\\&\leqslant\log_2 32=5\end{aligned}$$

当且仅当$\begin{cases}2a+4b=a+2c\\a+b+c=3\end{cases}$时,取得最大值.

3.(1) 由二元均值不等式得

$$\frac{1}{(a-1)(2-a)}\geqslant\frac{1}{\left[\frac{(a-1)+(2-a)}{2}\right]^2}=4$$

(2) 因为

$$\frac{1}{\sqrt{(a-1)(2-b)}} \geqslant \frac{1}{\frac{(a-1)+(2-b)}{2}} = \frac{2}{a-b+1}$$

$$\frac{1}{\sqrt{(b-1)(2-c)}} \geqslant \frac{1}{\frac{(b-1)+(2-c)}{2}} = \frac{2}{b-c+1}$$

$$\frac{1}{\sqrt{(c-1)(2-a)}} \geqslant \frac{1}{\frac{(c-1)+(2-a)}{2}} = \frac{2}{c-a+1}$$

所以

$$\begin{aligned} y &= \frac{1}{\sqrt{(a-1)(2-b)}} + \frac{1}{\sqrt{(b-1)(2-c)}} + \frac{1}{\sqrt{(c-1)(2-a)}} \\ &\geqslant \frac{2}{a-b+1} + \frac{2}{b-c+1} + \frac{2}{c-a+1} \end{aligned}$$

又由柯西不等式得

$$[(a-b+1)+(b-c+1)+(c-a+1)] \cdot \left(\frac{2}{a-b+1} + \frac{2}{b-c+1} + \frac{2}{c-a+1}\right) \geqslant 18$$

即

$$\frac{2}{a-b+1} + \frac{2}{b-c+1} + \frac{2}{c-a+1} \geqslant 6$$

所以 $y_{\min}=6$,当且仅当 $a=b=c=\frac{3}{2}$ 时取得最小值.

4.(1) 根据柯西不等式,得

$$\frac{25x^2}{4y+3z} + \frac{16y^2}{3z+5x} + \frac{9z^2}{5x+4y} \geqslant \frac{(5x+4y+3z)^2}{10x+8y+6z} = \frac{5x+4y+3z}{2} = 5$$

(2) 根据均值不等式,得

$$9^{x^2} + 9^{y^2+z^2} \geqslant 2\sqrt{9^{x^2} \cdot 9^{y^2+z^2}} = 2 \cdot 3^{x^2+y^2+z^2}$$

当且仅当 $x^2=y^2+z^2$ 时,等号成立. 根据柯西不等式,得

$$(x^2+y^2+z^2)(5^2+4^2+3^2) \geqslant (5x+4y+3z)^2 = 100$$

即 $x^2+y^2+z^2 \geqslant 2$. 当且仅当 $\frac{x}{5}=\frac{y}{4}=\frac{z}{3}$ 时,等号成立.

综上,$9^{x^2}+9^{y^2+z^2} \geqslant 2 \cdot 3^2 = 18$,当且仅当 $x=1, y=\frac{4}{5}, z=\frac{3}{5}$ 时,等号成立.

5. 将$x=y=1$代入得$A=B=C$，将$x=1,y=2$代入得$A=6,B=\frac{16}{3},C=5$，得$A>B>C$，故猜想$A\geqslant B\geqslant C$.

先证$A\geqslant B$，由柯西不等式：$(x^2+y^2+1)(1+1+1)\geqslant(x+y+1)^2$，所以$x^2+y^2+1\geqslant\frac{(x+y+1)^2}{3}$.

再证$\frac{(x+y+1)^2}{3}\geqslant x+y+xy$，只要证

$$x^2+y^2+1+2xy+2x+2y\geqslant 3x+3y+3xy$$

即证

$$x^2+y^2+1\geqslant x+y+xy$$

而

$$x^2+y^2\geqslant 2xy,x^2+1\geqslant 2x,y^2+1\geqslant 2y$$

三式相加得

$$2x^2+2y^2+2\geqslant 2x+2y+2xy$$

所以$B\geqslant C$. 综上，$A\geqslant B\geqslant C$.

第3章　一些分式不等式的统一简证

1. 因为

$$3(a^2+b^2+c^2)\geqslant(a+b+c)^2$$

所以

$$a+b+c\leqslant 6$$

所以

$$\sum\frac{1}{a-1}=\sum\frac{\left[\frac{1}{12}(a^2+b^2+c^2)\right]^2}{a-1}\geqslant\sum\left[\frac{1}{6}(a^2+b^2+c^2)-a+1\right]$$
$$=9-\sum a\geqslant 3$$

2. $$\sum\frac{\sin^3\alpha}{\sin\beta}=\sum\frac{\sin^4\alpha}{\sin\alpha\sin\beta}\geqslant\sum(2\sin^2\alpha-\sin\alpha\sin\beta)$$
$$=1+\sum(\sin^2\alpha-\sin\alpha\sin\beta)\geqslant 1$$

3.因为

$$\sum \frac{a^3}{b+c+d}=\frac{1}{9}\sum \frac{(3a^2)^2}{a(b+c+d)}\geqslant \frac{1}{9}\left(\sum 6a^2-3\sum ab\right)$$
$$\geqslant \frac{1}{9}\left(6\sum ab-3\sum ab\right)=\frac{1}{3}$$

4.因为

$$2\sqrt{x+1}=\sqrt{4(x+1)}\leqslant \frac{x+5}{2}$$
$$\sqrt{2x-3}=\sqrt{2\left(x-\frac{3}{2}\right)}\leqslant \frac{x+\frac{1}{2}}{2}$$
$$\sqrt{15-3x}=\sqrt{\frac{3}{2}(10-2x)}\leqslant \frac{\frac{23}{2}-2x}{2}$$

所以

$$2\sqrt{x+1}+\sqrt{2x-3}+\sqrt{15-3x}\leqslant \frac{x+5+x+\frac{1}{2}+\frac{23}{2}-2x}{2}$$
$$=\frac{17}{2}<2\sqrt{19}$$

5. $$\sum \frac{\left[\left(\lambda-\frac{1}{3}\mu\right)x\right]^2}{x(\lambda-\mu x)}\geqslant \sum \frac{2}{3}(3\lambda-\mu)x-\sum x(\lambda-\mu x)$$
$$=2\lambda-\frac{2}{3}\mu-\lambda+\mu\sum x^2$$
$$\geqslant \lambda-\frac{1}{3}\mu$$

所以

$$\sum \frac{x}{\lambda-\mu x}\geqslant \frac{1}{\lambda-\frac{1}{3}\mu}=\frac{3}{3\lambda-\mu}$$

或者说也可用下面的方法证明：

$$\sum \frac{x}{p-qx}\geqslant \frac{3}{3p-q}\Leftarrow \sum \frac{qx}{p-qx}\geqslant \frac{3q}{3p-q}$$
$$\Leftarrow \sum \frac{p}{p-qx}\geqslant \frac{3q}{3p-q}+3$$
$$\Leftarrow \sum \frac{1}{p-qx}\geqslant \frac{9p}{3p-q}$$

$$\Leftarrow \sum (p-qx)\sum \frac{1}{p-qx} \geqslant 9$$

由柯西不等式知显然成立.

第 4 章　恒成立问题中的参数求解

1. 如果 $x \in (-\infty,1)$ 时，$f(x)$ 恒有意义 $\Leftrightarrow 1+2^x+a4^x>0$，对 $x \in (-\infty,1)$ 恒成立 $\Leftrightarrow a>-\dfrac{1+2^x}{4^x}=-(2^{-x}+2^{-2x})$，$x \in (-\infty,1)$ 恒成立.

令 $t=2^{-x}$，$g(t)=-(t+t^2)$，又 $x \in (-\infty,1)$，则 $t \in (\dfrac{1}{2},+\infty)$，所以 $a>g(t)$，对 $t \in (\dfrac{1}{2},+\infty)$ 恒成立，又因为 $g(t)$ 在 $t \in [\dfrac{1}{2},+\infty)$ 上为减函数，$g(t)_{\max}=g\left(\dfrac{1}{2}\right)=-\dfrac{3}{4}$，所以 $a \geqslant -\dfrac{3}{4}$.

2. 因为 $f(x)$ 是增函数，所以

$$f(1-ax-x^2)<f(2-a)$$

对于任意 $x \in [0,1]$ 恒成立

$\Leftrightarrow 1-ax-x^2<2-a$ 对于任意 $x \in [0,1]$ 恒成立

$\Leftrightarrow x^2+ax+1-a>0$ 对于任意 $x \in [0,1]$ 恒成立，令

$$g(x)=x^2+ax+1-a, x \in [0,1]$$

所以原问题 $\Leftrightarrow g(x)_{\min}>0$，又

$$g(x)_{\min}=\begin{cases} g(0), & a>0 \\ g\left(-\dfrac{a}{2}\right), & -2 \leqslant a \leqslant 0 \\ 2, & a<-2 \end{cases}$$

即

$$g(x)_{\min}=\begin{cases} 1-a, & a>0 \\ -\dfrac{a^2}{4}-a+1, & -2 \leqslant a \leqslant 0\text{，易求得 } a<1 \\ 2, & a<-2 \end{cases}$$

3. **解法一**　在不等式中含有两个变量 a 及 x，本题必须由 x 的范围($x \in \mathbf{R}$) 来求另一变量 a 的范围，故可考虑将 a 及 x 分离构造函数，利用函数定义域上的最值求解 a 的取值范围.

$$原不等式 \Leftrightarrow 4\sin x+\cos 2x<-a+5$$

当 $x\in\mathbf{R}$ 时，不等式 $a+\cos 2x<5-4\sin x$ 恒成立 $\Leftrightarrow -a+5>(4\sin x+\cos 2x)_{\max}$，设

$$f(x)=4\sin x+\cos 2x$$

则

$$f(x)=4\sin x+\cos 2x=-2\sin^2 x+4\sin x+1=-2(\sin x-1)^2+3\leqslant 3$$

所以

$$-a+5>3$$

所以

$$a<2$$

解法二 题目中出现了 $\sin x$ 及 $\cos 2x$，而 $\cos 2x=1-2\sin^2 x$，故若采用换元法把 $\sin x$ 换元成 t，则可把原不等式转化成关于 t 的二次不等式，从而可利用二次函数区间最值求解.

不等式 $a+\cos 2x<5-4\sin x$ 可化为 $a+1-2\sin^2 x<5-4\sin x$，令 $\sin x=t$，则 $t\in[-1,1]$，所以不等式 $a+\cos 2x<5-4\sin x$ 恒成立 $\Leftrightarrow 2t^2-4t+4-a>0$，$t\in[-1,1]$ 恒成立.

设 $f(t)=2t^2-4t+4-a$，显然 $f(x)$ 在 $[-1,1]$ 内单调递减，$f(t)_{\min}=f(1)=2-a$，所以 $2-a>0$，所以 $a<2$.

4.(1) 设 $F(x)=f(x)-a=x^2-2ax+2-a$.

i. 当 $\Delta=(-2a)^2-4(2-a)=4(a-1)(a+2)<0$ 时，即 $-2<a<1$ 时，对一切 $x\in[-1,+\infty)$，$F(x)\geqslant 0$ 恒成立；

ii. 当 $\Delta=4(a-1)(a+2)\geqslant 0$ 时，可得以下充要条件：

$$\begin{cases}\Delta\geqslant 0\\ f(-1)\geqslant 0\\ -\dfrac{-2a}{2}\leqslant -1\end{cases}$$

即

$$\begin{cases}(a-1)(a+2)\geqslant 0\\ a+3\geqslant 0\\ a\leqslant -1\end{cases}$$

得 $-3\leqslant a\leqslant -2$；

综上所述：a 的取值范围为 $[-3,1]$.

(2) 令 $T_1: y_1=x^2+20x=(x+10)^2-100$，$T_2: y_2=8x-6a-3$，则 T_1

的图像为一抛物线(图 1),T_2 的图像是一条斜率为定值 8,而截距不定的直线(图 2),要使 T_1 和 T_2 在 x 轴上有唯一交点,则直线必须位于 l_1 和 l_2 之间.(包括 l_1 但不包括 l_2)

当直线为 l_1 时,直线过点$(-20,0)$,此时纵截距为 $-6a-3=160$,$a=-\dfrac{163}{6}$;

当直线为 l_2 时,直线过点$(0,0)$,此时纵截距为 $-6a-3=0$,$a=-\dfrac{1}{2}$.

所以 a 的范围为$\left[-\dfrac{163}{6},-\dfrac{1}{2}\right)$.

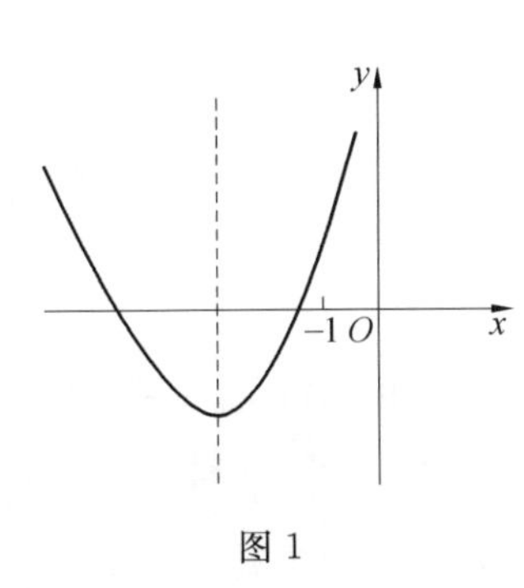

图 1

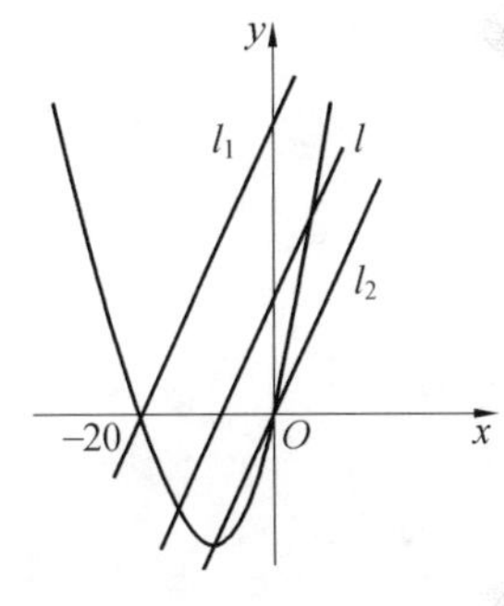

图 2

5. 原不等式可化为 $(x-1)p+x^2-2x+1>0$,令 $f(p)=(x-1)p+x^2-2x+1$,则原问题等价于 $f(p)>0$ 在 $p\in[-2,2]$ 上恒成立,故有:

解法一 如图 3 所示,$\begin{cases}x-1<0\\f(2)>0\end{cases}$,或如图 4 所示,$\begin{cases}x-1>0\\f(-2)>0\end{cases}$,所以 $x<-1$ 或 $x>3$.

解法二 $\begin{cases}f(-2)>0\\f(2)>0\end{cases}$,即$\begin{cases}x^2-4x+3>0\\x^2-1>0\end{cases}$,解得$\begin{cases}x>3 \text{ 或 } x<1\\x>1 \text{ 或 } x<-1\end{cases}$.

所以 $x<-1$ 或 $x>3$.

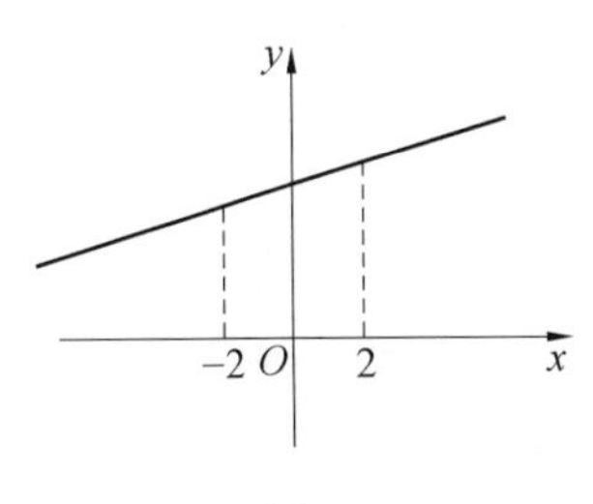

图 3

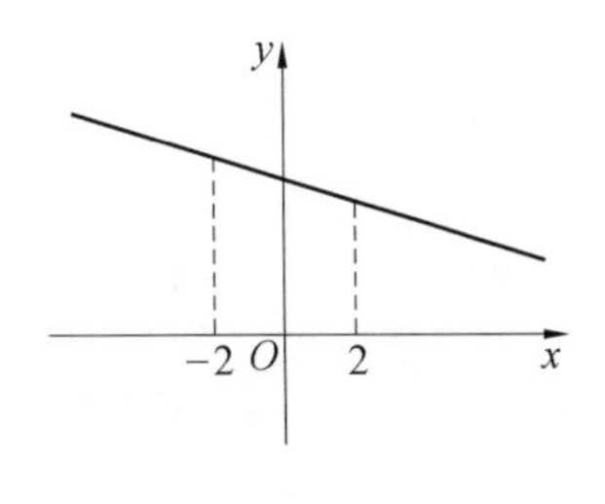

图 4

第5章　数列型不等式的放缩技巧

1. $f(x)=\frac{4^x}{1+4^x}=1-\frac{1}{1+4^x}>1-\frac{1}{2\cdot 2^x}(x\neq 0)\Rightarrow f(1)+\cdots+f(n)$

$$>(1-\frac{1}{2\times 2})+(1-\frac{1}{2\times 2^2})+\cdots+(1-\frac{1}{2\times 2^n})$$

$$=n-\frac{1}{4}(1+\frac{1}{2}+\cdots+\frac{1}{2^{n-1}})=n+\frac{1}{2^{n+1}}-\frac{1}{2}.$$

2. $f(2x)>2f(x)\Leftrightarrow \lg\frac{1+2^{2x}+3^{2x}+\cdots+(n-1)^{2x}+a\cdot n^{2x}}{n}$

$$>2\lg\frac{1+2^x+3^x+\cdots+(n-1)^x+a\cdot n^x}{n}$$

$$\Leftrightarrow[1+2^x+3^x+\cdots+(n-1)^x+a\cdot n^x]^2$$

$$<n\cdot[1+2^{2x}+3^{2x}+\cdots+(n-1)^{2x}+a\cdot n^{2x}]$$

而由柯西不等式得

$$[1\cdot 1+1\cdot 2^x+1\cdot 3^x+\cdots+1\cdot(n-1)^x+a\cdot n^x]^2$$

$$<(1^2+\cdots+1^2)\cdot[1+2^{2x}+3^{2x}+\cdots+(n-1)^{2x}+a^2\cdot n^{2x}]$$

($x=0$ 时取等号)

$$\leqslant n\cdot[1+2^{2x}+3^{2x}+\cdots+(n-1)^{2x}+a\cdot n^{2x}]\text{(因为 }0<a\leqslant 1\text{)}$$

得证!

3. (1)$a_n=1+\frac{1}{2^a}+\frac{1}{3^a}+\cdots+\frac{1}{n^a}\leqslant 1+\frac{1}{2^2}+\frac{1}{3^2}+\cdots+\frac{1}{n^2}$. 又 $k^2=k\cdot k>k(k-1)$,$k\geqslant 2$(只将其中一个 k 变成 $k-1$,进行部分放缩),所以

$$\frac{1}{k^2}<\frac{1}{k(k-1)}=\frac{1}{k-1}-\frac{1}{k}$$

于是

$$a_n\leqslant 1+\frac{1}{2^2}+\frac{1}{3^2}+\cdots+\frac{1}{n^2}<1+(1-\frac{1}{2})+(\frac{1}{2}-\frac{1}{3})+\cdots+(\frac{1}{n-1}-\frac{1}{n})$$

$$=2-\frac{1}{n}<2$$

(2) **解法一**　用数学归纳法(只考虑第二步)

$$a_{k+1}^2=a_k^2+2+\frac{1}{a_k^2}>2k+1+2=2(k+1)+1$$

解法二

$$a_{n+1}^2=a_n^2+2+\frac{1}{a_n^2}>a_n^2+2\Rightarrow a_{k+1}^2-a_k^2>2,k=1,2,\cdots,n-1$$

则

$$a_n^2-a_1^2>2(n-1)\Rightarrow a_n^2>2n+2>2n+1\Rightarrow a_n>\sqrt{2n+1}$$

4.（1）$a=1$；

（2）由 $a_{n+1}=f(a_n)$，得 $a_{n+1}=a_n-\frac{3}{2}a_n^2=-\frac{3}{2}(a_n-\frac{1}{3})^2+\frac{1}{6}\leqslant\frac{1}{6}$ 且 $a_n>0$. 用数学归纳法（只看第二步）：$a_{k+1}=f(a_k)$ 在 $a_k\in(0,\frac{1}{k+1})$ 是增函数，则得

$$a_{k+1}=f(a_k)<f(\frac{1}{k+1})=\frac{1}{k+1}-\frac{3}{2}(\frac{1}{k+1})^2<\frac{1}{k+2}$$

5.（1）$a_n=\frac{2}{3}[2^{n-2}+(-1)^{n-1}]$；

（2）由于通项中含有$(-1)^n$，很难直接放缩，考虑分项讨论：

当 $n\geqslant 3$ 且 n 为奇数时

$$\frac{1}{a_n}+\frac{1}{a_{n+1}}=\frac{3}{2}(\frac{1}{2^{n-2}+1}+\frac{1}{2^{n-1}-1})=\frac{3}{2}\cdot\frac{2^{n-2}+2^{n-1}}{2^{2n-3}+2^{n-1}-2^{n-2}-1}$$

$$<\frac{3}{2}\cdot\frac{2^{n-2}+2^{n-1}}{2^{2n-3}}=\frac{3}{2}(\frac{1}{2^{n-2}}+\frac{1}{2^{n-1}})$$

（减项放缩），于是

① 当 $m>4$ 且 m 为偶数时

$$\frac{1}{a_4}+\frac{1}{a_5}+\cdots+\frac{1}{a_m}=\frac{1}{a_4}+(\frac{1}{a_5}+\frac{1}{a_6})+\cdots+(\frac{1}{a_{m-1}}+\frac{1}{a_m})$$

$$<\frac{1}{2}+\frac{3}{2}(\frac{1}{2^3}+\frac{1}{2^4}+\cdots+\frac{1}{2^{m-2}})$$

$$=\frac{1}{2}+\frac{3}{2}\cdot\frac{1}{4}\cdot(1-\frac{1}{2^{m-4}})<\frac{1}{2}+\frac{3}{8}=\frac{7}{8}$$

② 当 $m>4$ 且 m 为奇数时

$$\frac{1}{a_4}+\frac{1}{a_5}+\cdots+\frac{1}{a_m}<\frac{1}{a_4}+\frac{1}{a_5}+\cdots+\frac{1}{a_m}+\frac{1}{a_{m+1}}\text{（添项放缩）}$$

由 ① 知$\frac{1}{a_4}+\frac{1}{a_5}+\cdots+\frac{1}{a_m}+\frac{1}{a_{m+1}}<\frac{7}{8}$. 由 ①② 得证.

第6章　巧用配凑求解不等式题

1.单变量函数优选求导 $y=x^2+x+\frac{1}{2x}=x^2+x+\frac{1-\lambda}{2x}+\frac{\lambda}{2x}$,采用单调性的方法,但本题也是可以使用基本不等式的.

引进参数 $\lambda>0$,则

$$y=x^2+x+\frac{1}{2x}=x^2+x+\frac{1-\lambda}{2x}+\frac{\lambda}{2x}$$
$$=(x^2+\frac{\lambda}{4x}+\frac{\lambda}{4x})+(x+\frac{1-\lambda}{2x})$$
$$\geqslant 3\sqrt[3]{\frac{\lambda^2}{16}}+2\sqrt{\frac{1-\lambda}{2}}$$

由取等号的条件得:$x^2=\frac{\lambda}{4x},x=\frac{1-\lambda}{2x}$.

消去参数 λ 得,$4x^3+2x^2-1=0$.

化简得,$(2x-1)(2x^2+2x+1)=0$.

解之得,$x=\frac{1}{2}$.

此时 $\lambda=\frac{1}{2},y_{\min}=\frac{7}{4}$.

2.引进参数 $a,b>0$,由

$$y=\cos^2\theta\sin\theta=\frac{1}{ab}a(1-\sin\theta)b(1+\sin\theta)\sin\theta$$
$$\leqslant\frac{[a+b+(b+1-a)\sin\theta]^3}{27ab}$$

由取等号成立的条件得

$$\begin{cases}a(1-\sin\theta)=b(1+\sin\theta)=\sin\theta\\ b+1-a=0\end{cases}\Rightarrow\sin^2\theta=\frac{1}{3},0\leqslant\theta\leqslant\frac{\pi}{2}$$
$$\Rightarrow\theta=\arcsin\frac{\sqrt{3}}{3}$$

所以

$$a=\frac{\sqrt{3}+1}{2},b=\frac{\sqrt{3}-1}{2}$$

所以

$$y=\cos^2\theta\sin\theta\leqslant\frac{(a+b)^3}{27ab}=\frac{2\sqrt{3}}{9}$$

3. 引进参数 k，使之满足：

$$10x^2+10y^2+z^2=kx^2+ky^2+(10-k)x^2+\frac{z^2}{2}+(10-k)y^2+\frac{z^2}{2}$$

$$\geqslant 2kxy+\sqrt{2(10-k)}(yz+zx)$$

依据取等号的条件，有

$$2k=\sqrt{2(10-k)}=t\Rightarrow t=4$$

故 $\frac{10x^2+10y^2+z^2}{xy+yz+zx}$ 的最小值为 4.

4. 观察题目的结构，考虑到 x,y,z 的对称性，引进参数 k,l，有

$$\begin{cases}x^2+k^2\geqslant 2xk\\ y^2+k^2\geqslant 2yk\\ z^3+l^3+l^3\geqslant 3zl^2\end{cases}\Rightarrow x^2+y^2+z^3+2(k^2+l^2)\geqslant 2k(x+y)+3l^2z$$

由取等号的条件有

$$2k^2=3l^2,k=x,k=y,z=l\Rightarrow 2k+l=3$$

解得

$$k=\frac{19-\sqrt{37}}{12},l=\frac{-1+\sqrt{37}}{6}$$

所以

$$x^2+y^2+z^3\geqslant 2k(x+y)+3l^2z-2(k^2+l^2)$$

$$=6k-2(k^2+l^2)=\frac{317+43\sqrt{37}}{108}$$

5. 设裁去的正方形的边长为 x，则做成的无盖长方体容积为

$$V=x(a-x)(b-2x),0<x<\frac{b}{2}$$

引入参数 m,n，则

$$V=x(a-x)(b-2x)=\frac{1}{mn}(mx)n(a-2x)(b-2x)$$

$$\leqslant\frac{\left[\frac{mx+n(a-2x)+(b-2x)}{3}\right]^3}{mn}$$

$$=\frac{[(m-2n-2)x+na+b]^3}{27mn}$$

由取等号的条件得

$$mx=n(a-2x)=b-2x$$

当 $m-2n-2=0$ 时,右边为常数.

故当二者同时成立时,函数有最大值.

消去参数得到

$$12x^2-4(a+b)x+ab=0$$

解之得

$$x=\frac{(a+b)\pm\sqrt{a^2-ab+b^2}}{6},\quad 0<x<\frac{b}{2}$$

故

$$x=\frac{(a+b)-\sqrt{a^2-ab+b^2}}{6}$$

$$V_{\max}=[x(a-x)(b-2x)]_{\max}=\frac{(na+b)^3}{27mn}$$

$$=\frac{[(a+b)(2a-b)+(a^2-ab+b^2)]^{\frac{3}{2}}}{54}$$

第7章　绝对值不等式的证明和运用

1. $y=\begin{cases}3x-(a+b+c), & x\geqslant c\\ x-(a+b-c), & b\leqslant x<c\\ -x-(a-b-c), & a<x<b\\ -3x+(a+b+c), & x\leqslant a\end{cases}$

当 $x=b$ 时,$y_{\min}=c-a$.

2. (1) $f(x)=\begin{cases}-x-5, & x\leqslant-\frac{1}{2}\\ 3x-3, & -\frac{1}{2}<x<4\\ x+5, & x\geqslant 4\end{cases}$

作出图像,解集为 $(-\infty,-7)\cup(\frac{5}{3},+\infty)$.

(2)$x=-\frac{1}{2}$ 时，$y_{\min}=-\frac{9}{2}$.

3. $y=|x-(p-15)|+|x-(5-2p)|+|x-(17-3p)|$，利用线性规划，比较 $7\leqslant p\leqslant 8$ 时，$p-15,5-2p,17-3p$ 三者之间的大小关系为 $5-2p<p-15\leqslant 17-3p$.

所以当 $x=p-15$ 时，$y_{\min}=12-p$，当 $p=8,x=-7$ 时，$y_{\min}=4$.

4. 根据函数 $y=|x+1|+|x+2|+|x+3|=a$ 的图像可知：

当 $a<2$ 时，方程无解；

当 $a=2$ 时，方程有一个根；

当 $a>2$ 时，方程有两个根.

5. 因为方程 $|x|=|x+1|=|x-2|$ 无解，故 $n\geqslant 2$ 且公差不为0. 不妨设数列的各项为 $a-kd(1\leqslant k\leqslant n,d>0)$. 作函数 $f(x)=\sum_{k=1}^{n}|x-kd|$，本题条件等价于 $f(x)=507$ 至少有三个不同的根 $a,a+1,a-2$，此条件又等价于函数 $y=f(x)$ 的图像与准线 $y=507$ 至少有三个不同的公共点. 由于 $y=f(x)$ 的图像是关于直线 $y=\frac{(n+1)d}{2}$ 左右对称的 $n+1$ 段的下凸折线，它与准线 L 有三个公共点当且仅当折线有一准线段在 L 上，当且仅当 $n=2m$ 且 $a,a+1,a-2\in[md,(m+1)d]$，$f(md)=507$，即 $d\geqslant 3$ 且 $m^2d=507$. 由此得 $m^2\leqslant\frac{507}{3}$，$m\leqslant 13$. 显然，$m=13$ 时，取 $d=3,a=4$ 满足本题条件. 因此，n 的最大值为 26.

第 8 章　运用柯西不等式证题

1. (1) 根据柯西不等式，得

$$\frac{25x^2}{4y+3z}+\frac{16y^2}{3z+5x}+\frac{9z^2}{5x+4y}\geqslant\frac{(5x+4y+3z)^2}{10x+8y+6z}=\frac{5x+4y+3z}{2}=5$$

(2) 根据均值不等式，得

$$9^{x^2}+9^{y^2+z^2}\geqslant 2\sqrt{9^{x^2}\cdot 9^{y^2+z^2}}=2\cdot 3^{x^2+y^2+z^2}$$

当且仅当 $x^2=y^2+z^2$ 时，等号成立.

根据柯西不等式，得

$$(x^2+y^2+z^2)(5^2+4^2+3^2)\geqslant(5x+4y+3z)^2=100$$

即

$$x^2+y^2+z^2\geqslant 2$$

当且仅当$\frac{x}{5}=\frac{y}{4}=\frac{z}{3}$时,等号成立.

综上,$9^{x^2}+9^{y^2+z^2}\geqslant 2\cdot 3^2=18$.

当且仅当 $x=1,y=\frac{4}{5},z=\frac{3}{5}$ 时,等号成立.

2.(1) 由柯西不等式知

$$(a^2+b^2+c^2)(1+1+1)\geqslant (a+b+c)^2$$

即

$$a^2+b^2+c^2\geqslant \frac{1}{3}$$

当且仅当 $a=b=c=\frac{1}{3}$ 时取得等号.

又因为 $0<a<1$,所以 $a^2<a$.

同理 $b^2<b,c^2<c$.

所以

$$a^2+b^2+c^2<a+b+c=1$$

即

$$\frac{1}{3}\leqslant a^2+b^2+c^2<1$$

(2) 由柯西不等式知

$$\left(\frac{1}{2a+1}+\frac{1}{2b+1}+\frac{1}{2c+1}\right)[(2a+1)+(2b+1)+(2c+1)]\geqslant (1+1+1)^2$$

即

$$\frac{1}{2a+1}+\frac{1}{2b+1}+\frac{1}{2c+1}\geqslant \frac{9}{5}$$

当且仅当 $a=b=c=\frac{1}{3}$ 时取得等号,所以$\frac{1}{2a+1}+\frac{1}{2b+1}+\frac{1}{2c+1}$的最小值为$\frac{9}{5}$.

3.(1) 由柯西不等式得

$$\frac{x^2}{x+2y+3z}+\frac{y^2}{y+2z+3x}+\frac{z^2}{z+2x+3y}\geqslant \frac{(x+y+z)^2}{6x+6y+6z}$$

$$=\frac{x+y+z}{6}=\frac{\sqrt{3}}{2}$$

(2) 因为

$$\frac{1}{\log_3 x+\log_3 y}+\frac{1}{\log_3 y+\log_3 z}+\frac{1}{\log_3 z+\log_3 x}$$

$$=\frac{1}{\log_3(xy)}+\frac{1}{\log_3(yz)}+\frac{1}{\log_3(zx)}$$

由柯西不等式得

$$\frac{1}{\log_3(xy)}+\frac{1}{\log_3(yz)}+\frac{1}{\log_3(zx)}\geqslant\frac{(1+1+1)^2}{\log_3(xy)+\log_3(yz)+\log_3(zx)}$$

$$=\frac{9}{2\log_3(xyz)}$$

又因为 $3\sqrt{3}=x+y+z\geqslant 3\sqrt[3]{xyz}$,所以 $xyz\leqslant 3\sqrt{3}$.

所以 $\log_3(xyz)\leqslant\frac{3}{2}$,得

$$\frac{9}{2\log_3(xyz)}\geqslant\frac{9}{2}\times\frac{2}{3}=3$$

所以

$$\frac{1}{\log_3 x+\log_3 y}+\frac{1}{\log_3 y+\log_3 z}+\frac{1}{\log_3 z+\log_3 x}\geqslant 3$$

当且仅当 $x=y=z=\sqrt{3}$ 时,等号成立.

故所求的最小值是 3.

4. 由二元均值不等式及柯西不等式,得

$$\frac{1}{x+y}+\frac{1}{y+z}+\frac{1}{z+x}\leqslant\frac{1}{2\sqrt{xy}}+\frac{1}{2\sqrt{yz}}+\frac{1}{2\sqrt{zx}}$$

$$=\frac{1}{2}\left(\sqrt{\frac{z}{x+y+z}}+\sqrt{\frac{x}{x+y+z}}+\sqrt{\frac{y}{x+y+z}}\right)$$

$$\leqslant\frac{1}{2}\sqrt{(1^2+1^2+1^2)\left(\sqrt{\frac{z}{x+y+z}}+\sqrt{\frac{x}{x+y+z}}+\sqrt{\frac{y}{x+y+z}}\right)}$$

$$=\frac{\sqrt{3}}{2}$$

故 λ 的取值范围是 $\left[\frac{\sqrt{3}}{2},+\infty\right)$.

第9章　利用柯西不等式成立的条件解题

1.由柯西不等式得

$$(x^2+y^2+z^2)\geqslant\frac{9^2}{3}=27\ ,\ x^2+w^2\geqslant\frac{6^2}{2}=18$$

两式相乘,得

$$(x^2+y^2+z^2)\cdot(x^2+w^2)\geqslant 486$$

当且仅当 $x=y=z=w=3$ 时取等号.

故原方程组的解为 $x=y=z=w=3$.

2.(1)

$$\begin{aligned}&[x^2+(y-1)^2+(x-y)^2](1+1+1)\\&\geqslant[(-x)+(y-1)+(x-y)]^2=1\end{aligned}$$

当且仅当 $-x=y-1=x-y$ 时取得等号,即 $x=\frac{1}{3},y=\frac{2}{3}$.

(2) 由柯西不等式 $(a^2+b^2+c^2)(x^2+y^2+z^2)\geqslant(ax+by+cz)^2$ 知等号成立的条件为 $x=ka,y=kb,z=kc$,将之代入

$$\begin{cases}ax+by+cz=30\\a^2+b^2+c^2=25\end{cases}\Rightarrow k=\frac{6}{5}$$

所以

$$\frac{a+b+c}{x+y+z}=\frac{6}{5}$$

3.(1)

$$\frac{abc}{bc+ca+ab}=\frac{1}{\frac{1}{a}+\frac{1}{b}+\frac{1}{c}}$$

因为

$$\begin{aligned}\frac{1}{a}+\frac{1}{b}+\frac{1}{c}&=\left(\frac{1}{a}+\frac{1}{b}+\frac{1}{c}\right)(a+b+c)\\&=3+\left(\frac{b}{a}+\frac{a}{b}\right)+\left(\frac{c}{b}+\frac{b}{c}\right)+\left(\frac{a}{c}+\frac{c}{a}\right)\\&\geqslant 3+2+2+2=9\end{aligned}$$

所以 $\frac{1}{\frac{1}{a}+\frac{1}{b}+\frac{1}{c}}\leqslant\frac{1}{9}$,即 $\frac{abc}{bc+ca+ab}\leqslant\frac{1}{9}$

(2) 由柯西不等式,得

$$\left[\frac{(a+b)^2}{2b+c}+\frac{(b+c)^2}{2c+a}+\frac{(c+a)^2}{2a+b}\right][(2b+c)+(2c+a)+(2a+b)]$$
$$\geqslant[(a+b)+(b+c)+(c+a)]^2$$

将 $a+b+c=1$ 代入得

$$\frac{(a+b)^2}{2b+c}+\frac{(b+c)^2}{2c+a}+\frac{(c+a)^2}{2a+b}\geqslant\frac{4}{3}$$

当且仅当 $a=b=c=\frac{1}{3}$ 时，$\frac{(a+b)^2}{2b+c}+\frac{(b+c)^2}{2c+a}+\frac{(c+a)^2}{2a+b}$ 有最小值$\frac{4}{3}$.

4.(1) 根据柯西不等式，得

$$\frac{25x^2}{4y+3z}+\frac{16y^2}{3z+5x}+\frac{9z^2}{5x+4y}\geqslant\frac{(5x+4y+3z)^2}{10x+8y+6z}=\frac{5x+4y+3z}{2}=5$$

(2) 根据均值不等式，得

$$9^{x^2}+9^{y^2+z^2}\geqslant 2\sqrt{9^{x^2}\cdot 9^{y^2+z^2}}=2\cdot 3^{x^2+y^2+z^2}$$

当且仅当 $x^2=y^2+z^2$ 时，等号成立.

根据柯西不等式，得

$$(x^2+y^2+z^2)(5^2+4^2+3^2)\geqslant(5x+4y+3z)^2=100$$

即

$$x^2+y^2+z^2\geqslant 2$$

当且仅当$\frac{x}{5}=\frac{y}{4}=\frac{z}{3}$ 时，等号成立.

综上，$9^{x^2}+9^{y^2+z^2}\geqslant 2\cdot 3^2=18$.

当且仅当 $x=1,y=\frac{4}{5},z=\frac{3}{5}$ 时，等号成立.

5.(1) 由柯西不等式得

$$(x^2+y^2+z^2)(3^2+4^2+5^2)\geqslant(3x+4y+5z)^2=1$$

所以

$$x^2+y^2+z^2\geqslant\frac{1}{50}$$

当且仅当$\frac{x}{3}=\frac{y}{4}=\frac{z}{5}$ 时取得等号.

(2) 设 $x+y=a,y+z=b,z+x=c$，则

$$x=\frac{a+c-b}{2},y=\frac{a+b-c}{2},z=\frac{b+c-a}{2}$$

代入 $3x+4y+5z=1$ 得 $a+3b+2c=1$.

由柯西不等式得

$$\frac{1}{x+y}+\frac{1}{y+z}+\frac{1}{z+x}=\left(\frac{1}{a}+\frac{1}{b}+\frac{1}{c}\right)(a+3b+2c)\geqslant(1+\sqrt{3}+\sqrt{2})^2$$

当且仅当 $a=\sqrt{3}\,b=\sqrt{2}\,c$ 时等号成立.

所以$\frac{1}{x+y}+\frac{1}{y+z}+\frac{1}{z+x}$的最小值为$(1+\sqrt{2}+\sqrt{3})^2$.

第10章　巧用反柯西技术证题

1.注意到

$$\sum\frac{1}{a^2+1}=4-\sum\frac{a^2}{a^2+1}\geqslant 4-\frac{1}{2}\sum a=2$$

原不等式成立.

2.注意到

$$\sum\frac{1}{1+2b^2c}=3-\sum\frac{2b^2c}{1+2b^2c}\geqslant 3-\frac{2}{3}\sum b^{\frac{2}{3}}c^{\frac{1}{3}}$$

$$\geqslant 3-\frac{2}{9}\sum(b+b+c)=1$$

原不等式成立.

3.注意到

$$\sum\frac{1+ab}{1+b^2c^2}=\sum(1+ab)-\sum\frac{(1+ab)b^2c^2}{1+b^2c^2}$$

$$\geqslant 4+\sum ab-\frac{1}{2}\sum(ab+ab^2c)$$

下面只需证明:$\sum ab\geqslant\sum a^2bc$.

注意到:

$$\sum a^2bc=(ab+cd)(ac+bd)\leqslant\frac{\left(\sum ab\right)^2}{4}$$

$$=\left(\sum ab\right)\frac{(a+c)(b+d)}{4}\leqslant\sum ab$$

所以原不等式成立.

4.注意到$\sum\frac{1}{a^3+2}=\frac{3}{2}-\frac{1}{2}\sum\frac{a^3}{a^3+2}\geqslant\frac{3}{2}-\frac{1}{2}\sum\frac{a^2}{3}=1$,所以原不等式成立.

5. 注意到 $36(a^2+1)=4\times(9a^2)+9\times 4\geqslant 13\sqrt[13]{9^4 4^9 a^8}$，所以有

$$\text{左式}=\sum a-\sum\frac{a^2 b}{a^2+1}\geqslant 2-\sum\frac{36a^2 b}{13\sqrt[13]{9^4 4^9 a^8}}=2-\frac{36}{13\sqrt[13]{9^4 4^9}}\sum a^{\frac{18}{13}}b$$

再由 $\sum a^{\frac{18}{13}}b$ 在 $a=b=c=\frac{2}{3}$ 时取最大值，得到右式 $\geqslant\frac{18}{13}$. 原不等式成立.

第 11 章　三元对称不等式的求解方法

1. 等价于证明 $9p+2\geqslant 7q$，由舒尔不等式可知 $1+9p\geqslant 4q$，再由 $s^2\geqslant 3q$ 知 $3q\leqslant 1$，故 $9p+2\geqslant q+6q=7q$，原不等式得证！

2. $\sum x(1-y^2)(1-z^2)=\sum x[1-(y^2+z^2)+y^2z^2]=\sum x-\sum x(y^2+z^2)+\sum x^2y^2z=s-\sum xy(x+y)+xyz=s-(sq-3p)+p=4p$. 只需证明 $p\leqslant\frac{\sqrt{3}}{9}$，由 $3\sqrt[3]{p^2}\leqslant q$，可得 $p\leqslant\frac{q\sqrt{q}}{3\sqrt{3}}=\frac{\sqrt{3}}{9}$，故原不等式成立！

3. 当 $x=y=z=\frac{1}{3}$ 时，有 $9a+b\leqslant 27$；当 $x=1,y=z=0$ 时，有 $a\leqslant 1$. 下面证明，这就是我们要求的全部条件.

$$\begin{aligned}a(\sum x^2)+bxyz&\leqslant a(\sum x^2)+(27-9a)p=a(\sum x^2-9p)+27p\\&\leqslant\sum x^2+18p=s^2-2q+18p=1-2sq+18p\\&\leqslant 1-18p+18p=1\end{aligned}$$

因此原命题成立！

4. $(\sum a^3+\sum(a^2b+ab^2)=p^3-2pq)$，原不等式 $\Leftrightarrow\frac{p^3-2pq+3r}{pq-r}+\frac{16q}{p^2-2q}\geqslant 8$.

齐次的不妨设 $p=1\Leftrightarrow\frac{1-2q+3r}{q-r}+\frac{16q}{1-2q}\geqslant 8$. 注意到 $f(r)=\frac{1-2q+3r}{q-r}$ 是增的. 所以有

$$\frac{1-2q+3r}{q-r}+\frac{16q}{1-2q}\geqslant\frac{1-2q}{q}+\frac{16q}{1-2q}=\frac{(6q-1)^2}{q(1-2q)}+8\geqslant 8$$

5. 原不等式 $\Leftrightarrow\dfrac{3+\sum a^2+3\sum ab+4\sum a}{1+2abc+2\sum a+3\sum ab+\sum a^2+\sum(a^2b+ab^2)}$

$$\leqslant \frac{12+4\sum a+\sum ab}{8+4\sum a+2\sum ab+abc}$$

$$\Leftrightarrow \frac{2\sum a-\sum(a^2b+ab^2)}{1+2abc+4\sum a+3\sum ab+\sum a^2}$$

$$\leqslant \frac{3-\sum ab}{8+4\sum a+2\sum ab+abc}$$

做 sqr 代换 $s=a+b+c, q=ab+bc+ca, p=abc=1$.

得到 $6sq+sq^2+3s^2q\geqslant 27+24s+5s^2+3q+q^2$.

注意到:$\begin{cases} 2sq+\frac{2}{3}sq^2+\frac{4}{3}s^2q\geqslant 18s \\ \frac{1}{3}sq^2\geqslant q^2 \\ 3sq\geqslant 27 \\ sq\geqslant 3q \\ \frac{5}{3}s^2q\geqslant 5p^2 \end{cases}$

上述五个式子相加,证毕.

第 12 章　分式和型不等式的证明

1.

$$\frac{b^2c^2}{a(b+c)}+\frac{c^2a^2}{b(c+a)}+\frac{a^2b^2}{c(a+b)}$$

$$\geqslant \frac{(ab+bc+ca)^2}{2(ab+bc+ca)}=\frac{ab+bc+ca}{2}$$

$$\geqslant \frac{3\sqrt[3]{a^2b^2c^2}}{2}=\frac{3}{2}$$

当且仅当 $a=b=c=1$ 时取得最小值.

2. $$\frac{a}{b+2c}+\frac{b}{c+2a}+\frac{c}{a+2b}=\frac{a^2}{ab+2ac}+\frac{b^2}{bc+2ab}+\frac{c^2}{ac+2bc}$$

$$\geqslant \frac{(a+b+c)^2}{3(ab+bc+ac)}$$

又由不等式链知

$$\left(\frac{a+b+c}{3}\right)^2 \geqslant \frac{ab+bc+ca}{3} \Rightarrow \frac{(a+b+c)^2}{3(ab+bc+ca)} \geqslant 1$$

所以$\frac{a}{b+2c}+\frac{b}{c+2a}+\frac{c}{a+2b}$的最小值为 1.

3. $$\frac{a_1}{1+a_1}+\frac{a_2}{1+a_2}+\frac{a_3}{1+a_3}=\frac{1}{1+\frac{1}{a_1}}+\frac{1}{1+\frac{1}{a_2}}+\frac{1}{1+\frac{1}{a_3}}$$

$$\geqslant \frac{(1+1+1)^2}{1+\frac{1}{a_1}+1+\frac{1}{a_2}+1+\frac{1}{a_3}}=\frac{9}{4}$$

4.

$$\begin{aligned}\frac{x}{x+2y}+\frac{y}{y+2z}+\frac{z}{z+2x}&=\frac{x^2}{x^2+2xy}+\frac{y^2}{y^2+2yz}+\frac{z^2}{z^2+2xz}\\&\geqslant \frac{(x+y+z)^2}{x^2+y^2+z^2+2xy+2yz+2zx}\\&=\frac{(x+y+z)^2}{(x+y+z)^2}=1\end{aligned}$$

$$\begin{aligned}\frac{x}{x+2y}+\frac{y}{y+2z}+\frac{z}{z+2x}&=1-\frac{2y}{x+2y}+1-\frac{2z}{y+2z}+1-\frac{2x}{z+2x}\\&=3-\left(\frac{2y}{x+2y}+\frac{2z}{y+2z}+\frac{2x}{z+2x}\right)\end{aligned}$$

也可另证如下：

$$\begin{aligned}\frac{y}{x+2y}+\frac{z}{y+2z}+\frac{x}{z+2x}&=\frac{y^2}{xy+2y^2}+\frac{z^2}{yz+2z^2}+\frac{x^2}{xz+2x^2}\\&\geqslant \frac{(x+y+z)^2}{2(x^2+y^2+z^2)+xy+yz+zx}\\&\geqslant \frac{(x+y+z)^2}{2(x+y+z)^2-3(xy+yz+zx)}\\&=\frac{(x+y+z)^2}{2(x+y+z)^2}=\frac{1}{2}\end{aligned}$$

所以

$$\frac{x}{x+2y}+\frac{y}{y+2z}+\frac{z}{z+2x}<3-2\cdot\frac{1}{2}=2$$

5. 首先$(\sqrt{x_1}+\sqrt{x_2}+\sqrt{x_3})^2 \leqslant 3(x_1+x_2+x_3)=3$，即$\sqrt{x_1}+\sqrt{x_2}+\sqrt{x_3} \leqslant \sqrt{3}$，所以$\frac{1}{\sqrt{2}}(\sqrt{x_1}+\sqrt{x_2}+\sqrt{x_3}) \leqslant \frac{\sqrt{6}}{2}$. 然后令$\sqrt{1-x_1}=a$，

$\sqrt{1-x_2}=b,\sqrt{1-x_3}=c$,则 $x_1=1-a^2,x_2=1-b^2,x_3=1-c^2$,所以 $x_1=1-a^2,x_2=1-b^2,x_3=1-c^2$.

原问题条件变为 $a^2+b^2+c^2=2$,则

$$a+b+c\leqslant\sqrt{6}$$

$$\begin{aligned}\frac{1-a^2}{a}+\frac{1-b^2}{b}+\frac{1-c^2}{c}&=\frac{1}{a}+\frac{1}{b}+\frac{1}{c}-(a+b+c)\\&\geqslant\frac{9}{a+b+c}-(a+b+c)\\&\geqslant\frac{9}{\sqrt{6}}-\sqrt{6}=\frac{\sqrt{6}}{2}\end{aligned}$$

所以

$$\frac{x_1}{\sqrt{1-x_1}}+\frac{x_2}{\sqrt{1-x_2}}+\frac{x_3}{\sqrt{1-x_3}}\geqslant\frac{1}{\sqrt{2}}(\sqrt{x_1}+\sqrt{x_2}+\sqrt{x_3})$$

第 13 章　根式和型不等式的证明

1.原条件 $\Leftrightarrow\frac{x}{x+1}+\frac{y}{y+1}+\frac{z}{z+1}=1$,作代换 $\frac{x}{x+1}=a\Rightarrow x=\frac{a}{1-a}=\frac{a}{b+c}$.

欲证不等式 $\Leftrightarrow\sum\sqrt{\frac{ab}{(b+c)(c+a)}}\leqslant\frac{3}{2}\Leftrightarrow2\sum\sqrt{ab(a+b)}\leqslant3\sqrt{\prod(a+b)}$.

平方 $\Leftrightarrow4\sum a^2(b+c)+8\sum a\sqrt{bc(a+b)(a+c)}\leqslant9\sum a^2(b+c)+18abc\Leftrightarrow8\sum a\sqrt{bc(a+b)(a+c)}\leqslant5\sum a^2(b+c)+18abc$.

由均值不等式:$8\sum a\sqrt{bc(a+b)(a+c)}=4\sum2a\sqrt{(ac+bc)(ab+bc)}\leqslant4\sum a(ac+ab+2bc)=4\sum a^2(b+c)+24abc$.

下面只需证明:

$$4\sum a^2(b+c)+24abc\leqslant5\sum a^2(b+c)+18abc\Leftrightarrow\sum c(a-b)^2\geqslant0$$

证毕.

2.　原不等式平方 $\Leftrightarrow\sum a\sqrt{bc(a+b)(a+c)}\geqslant3abc$

注意到：$\sum a\sqrt{bc(a+b)(a+c)} \geqslant \sum a\sqrt{bc(b)(c)} = 3abc$. 证毕.

3.先证右边：平方后

$$\Leftrightarrow \sum \frac{ab+4bc+4ca}{(a+b)^2} + 2\sum \frac{\sqrt{(b(a+4c)+4ca)(b(4a+c)+4ca)}}{(a+b)(b+c)} \geqslant \frac{81}{4} \quad ①$$

由柯西不等式得

$$\sqrt{(b(a+4c)+4ca)(b(4a+c)+4ca)} \geqslant 4ac + b\sqrt{(a+4c)(c+4a)}$$

下面寻找一个$\sqrt{(a+4c)(c+4a)}$的有理下界：

$$\begin{aligned}\sqrt{(a+4c)(c+4a)} - 2a - 2c &= \frac{9ac}{\sqrt{(a+4c)(c+4a)} + 2(a+c)} \\ &\geqslant \frac{18ac}{(a+4c)+(c+4a)+4(a+c)} \\ &= \frac{2ac}{a+c}\end{aligned}$$

所以得到

$$\sqrt{(a+4c)(c+4a)} \geqslant \frac{2(a^2+3ac+c^2)}{a+c}$$

所以

$$\begin{aligned}\text{式 ① 左边} \geqslant \sum ab \sum \frac{1}{(a+b)^2} + 3\sum \frac{a}{b+c} + \\ 2\sum \frac{4ab(a+b)+2c(a+b)^2+2abc}{(a+b)(b+c)(c+a)}\end{aligned}$$

由此得

$$\sum ab \sum \frac{1}{(a+b)^2} \geqslant \frac{9}{4}$$

下面只需证明：

$$3\sum \frac{a}{a+c} + 2\sum \frac{4ab(a+b)+2c(a+b)^2+2abc}{(a+b)(b+c)(c+a)} \geqslant \frac{81}{4}$$

$$\Leftrightarrow (\sum a^3) + 3abc \geqslant \sum (a^2b+ab^2)$$

三次应用舒尔不等式，证毕.

下证左边，注意到

$$\frac{\sqrt{4(bc+4ab+4ac)}}{b+c} = \sqrt{\frac{16a}{b+c} + \frac{4bc}{(b+c)^2}} \leqslant \sqrt{\frac{16a+b+c}{b+c}}$$

下面只需证明

$$\frac{3}{\sqrt{2}}\sum\sqrt{\frac{b+c}{a}}\geqslant\sum\sqrt{\frac{16a+b+c}{b+c}}$$

注意到

$$\begin{aligned}\left(\sum\sqrt{\frac{b+c}{a}}\right)^2&=\sum\frac{b+c}{2}+2\sum\sqrt{\frac{(a+b)(a+c)}{bc}}\\&\geqslant\sum\frac{b+c}{a}+2\sum\frac{a+\sqrt{bc}}{\sqrt{bc}}\\&\geqslant\sum\frac{b+c}{a}+4\left(\sum\frac{a}{b+c}\right)+6\\&\geqslant 8\left(\sum\frac{a}{b+c}\right)+6\end{aligned}$$

又有

$$\begin{aligned}\left(\sum\sqrt{\frac{16a+b+c}{b+c}}\right)^2&=\sum\frac{16a+b+c}{b+c}+2\sum\sqrt{\frac{(16a+b+c)(16b+a+c)}{(b+c)(c+a)}}\\&\leqslant\sum\frac{16a+b+c}{b+c}+\sum\frac{16a+b+c}{a+c}+\sum\frac{16b+c+a}{b+c}\\&=18\sum\frac{a}{b+c}+54\end{aligned}$$

故只需证明$\frac{9}{2}\left[8\left(\sum\frac{a}{b+c}\right)+6\right]\geqslant 18\sum\frac{a}{b+c}+54\Leftrightarrow$Nesbitt 不等式. 证毕.

4. 取 $a=b=c\Rightarrow 2\leqslant k\leqslant 3$;取 $a=0,b=c\Rightarrow k\leqslant 2$,得到 $k=2$.

对于右式$\Leftrightarrow\sum\sqrt{\frac{a}{b+c}}\leqslant\sqrt{\sum a\sum\frac{1}{b+c}}$,柯西不等式显然成立.

$$\begin{aligned}\text{对于左式}&\Leftrightarrow\sqrt{\left(\sum\frac{a}{b+c}\right)+2}\leqslant\sum\sqrt{\frac{a}{b+c}}\\&\Leftrightarrow\sqrt{\sum a^3+3\sum(a^2b+ab^2)+7abc}\\&\leqslant\sum\sqrt{a^2(a+b+c)+abc}\end{aligned}$$

齐次的,不妨设

$$a+b+c=1\Rightarrow\sqrt{1+abc}\leqslant\sum\sqrt{a^2+abc}$$

平方得

$$\sum a^2+2abc+2\sum\sqrt{(a^2+abc)(b^2+abc)}\geq 1$$

再由柯西不等式得

$$\sum a^2+2abc+2\sum\sqrt{(a^2+abc)(b^2+abc)}$$

$$\geqslant\sum a^2+2abc+2\sum ab+6abc\geqslant 1$$

显然成立.

5.原不等式平方

$$\Leftrightarrow\sum\sqrt{a^2+b^2}+2\sum\sqrt{(a+\sqrt{b^2+c^2})(b+\sqrt{a^2+c^2})}\geqslant 9\sqrt{2}+6$$

利用$\sqrt{a^2+b^2}\geqslant\frac{a+b}{\sqrt{2}}$,下面只需证

$$\sum\sqrt{a^2+b^2}+2\sum\sqrt{(a+\frac{b+c}{\sqrt{2}})(b+\frac{a+c}{\sqrt{2}})}\geqslant 9\sqrt{2}+6$$

$$\Leftrightarrow\sum\sqrt{a^2+b^2}+\sum\sqrt{[(\sqrt{2}-1)a+3][(\sqrt{2}-1)b+3]}\geqslant 9\sqrt{2}+6$$

再由柯西不等式

$$左式\geqslant\sum\sqrt{a^2+b^2}+\sum[(\sqrt{2}-1)\sqrt{ab}+3]$$

下面只需证:

$$\sum\sqrt{a^2+b^2}+(2-\sqrt{2})\sum\sqrt{ab}\geqslant 6$$

注意到:$\sqrt{x^4+y^4}+(2-\sqrt{2})xy\geqslant x^2+y^2\Leftrightarrow xy(x-y)^2\geqslant 0$.证毕.

第 14 章　齐次不等式的证明

1.(1) 原不等式两边平方:

$$(a^3+b^3+c^3-abc)^2\leqslant(a^2+b^2+c^2)^3$$

$$\Leftrightarrow\sum a^6+a^2b^2c^2+2\sum a^3b^3-2\sum a^4bc$$

$$\leqslant a^6+3\sum(a^4b^2+a^2b^4)+6^2b^2c^2$$

$$\Leftrightarrow 2\sum a^3b^3\leqslant 3\sum(a^4b^2+a^2b^4)+5a^2b^2c^2+2\sum a^4bc$$

注意到:右式$\geqslant\sum(a^4b^2+a^2b^4)\geqslant 2\sum a^3b^3$.证毕.

(2) 原不等式齐次化$\Leftrightarrow(xy+yz+zx)^2\geqslant 81xyz\Leftrightarrow(\sum x)^2(\sum xy)^2\geqslant 81x^2y^2z^2$.由均值定理,这是显然的.

2.(1) 原不等式$\Leftrightarrow\sum a^2+2\sqrt{3abc}\leqslant\sum a^2+2\sum ab$

$$\Leftrightarrow \sqrt{3abc} \leqslant \sum ab$$

$$\Leftrightarrow 3\sum a^2bc \leqslant (\sum ab)^2$$

$$\Leftrightarrow \frac{1}{2}\sum c^2(a-b)^2 \geqslant 0$$

显然成立.

(2) 左边不等式:

$$\sum xy - 2xyz = \sum x \sum xy - 2xyz \geqslant 7xyz \geqslant 0$$

右边不等式$\Leftrightarrow 27\sum xy \sum x - 54xyz \leqslant 7(\sum x)^3$

$$\Leftrightarrow 6\sum (x^2y + xy^2) \leqslant 7\sum x^3 + 15xyz$$

$$\Leftrightarrow [5\sum x^3 + 15xyz - 5\sum (x^2y + xy^2)] +$$

$$[2\sum x^3 - \sum (x^2y + xy^2)] \geqslant 0$$

此为均值和舒尔不等式. 证毕.

3. (1)

原不等式$\Leftrightarrow \prod (2x+y+z) \geqslant \sum (2x+y+z)^2(y+z)^2$

$$\Leftrightarrow 2\sum x^3 + 7(2,1) + 16xyz$$

$$\geqslant 14\sum x^2y^2 + 8\sum (x^3y + xy^3) + 2\sum x^4 + 32\sum x^2yz$$

$$\Leftrightarrow 2\sum x^4 + 9\sum (x^3y + xy^3) + 30\sum x^2yz + 14\sum x^2y^2$$

$$\geqslant 14\sum x^2y^2 + 8\sum (x^3y + xy^3) + 2\sum x^4 + 32\sum x^2yz$$

$$\Leftrightarrow \sum (x^3y + xy^3) \geqslant 2\sum x^2yz \Leftrightarrow \sum (xy + z^2)(x-y)^2 \geqslant 0$$

显然成立.

(2) 原不等式$\Leftrightarrow \sum x + \sum xy^2z^2 \leqslant \frac{4\sqrt{3}}{9} + \sum x^2(y+z)$

$$\Leftrightarrow \sum x + 4xyz \leqslant \frac{4\sqrt{3}}{9} + \sum x^2(y+z) + 3xyz$$

$$\Leftrightarrow \sum x + 4xyz \leqslant \frac{4\sqrt{3}}{9} + \sum x \sum xy$$

$$\Leftrightarrow 4xyz \leqslant \frac{4\sqrt{3}}{9}$$

由均值不等式这是显然的.

4. (1) 原不等式 $\Leftrightarrow (a+b+c)^5 \geqslant 81abc\sum a^2 \Leftrightarrow (a+b+c)^6 \geqslant 81abc\sum a\sum a^2$.

注意到:右式 $\leqslant 27(\sum ab)^2\sum a^2 \leqslant (\sum a^2+2\sum ab)^3=(\sum a)^6$. 证毕.

(2)
$$(\sum a)^3-\sum a^3=3(a+b)(b+c)(c+a)$$
$$(\sum a)^5-\sum a^5=5(a+b)(b+c)(c+a)(a^2+b^2+c^2+ab+bc+ca)$$
$$9[(\sum a)^5-\sum a^5]-10[(\sum a)^3-\sum a^3]$$
$$=15(a+b)(b+c)(c+a)[3(a^2+b^2+c^2+ab+bc+ca)-2(a+b+c)^2]$$
$$=15(a+b)(b+c)(c+a)(a^2+b^2+c^2-ab-bc-ca)\geqslant 0$$

所以

$$9[(\sum a)^5-\sum a^5]-10[(\sum a)^3-\sum a^3]\geqslant 0$$
$$\Rightarrow 9-9\sum a^5-10+10\sum a^3\geqslant 0 \Rightarrow 10\sum a^3-9\sum a^5\geqslant 1$$

证毕.

5. (1)
$$原不等式 \Leftrightarrow \frac{9}{4}\geqslant \sum\frac{x}{(x+y)(x+z)}\geqslant 2$$
$$左式 \Leftrightarrow 9\prod(x+y)\geqslant 4\sum x\sum x(y+z)$$
$$\Leftrightarrow 9\sum(x^2y+xy^2)+18xyz$$
$$\geqslant 8\sum(x^2y+xy^2)+24xyz$$
$$\Leftrightarrow \sum z^2(x-y)^2\geqslant 0$$

成立.

$$右式 \Leftrightarrow \sum x\sum x(y+z)\geqslant 2\prod(x+y) \Leftrightarrow xyz\geqslant 0$$

成立. 证毕.

(2) 展开证明

$$\Leftrightarrow \left(\sum x^3+\sum(x^2y+xy^2)+3xyz\right)^2$$
$$\geqslant \prod(x+y)\left(4\prod(x+y)-14xyz\right)$$
$$\Leftrightarrow (6), 2(5,1)+3(4,2)+8(4,1,1)+4(3,3)+$$
$$10(3,2,1)+15r^2+14(3,2,1)+28r^2$$

$$\geqslant 4(4,2)+8(4,1,1)+8(3,3)+24(3,2,1)+40r^2$$

$$\Leftrightarrow(6)+2(5,1)+3r^2\geqslant(4,2)+4(3,3)$$

由六次舒尔和均值不等式得

$$右式\geqslant 3(5,1)\geqslant(4,2)+4(3,3)$$

证毕.

第15章　运用放缩技巧证明不等式

1. 要证 $a+b+c-3\sqrt[3]{cab}\geqslant a+b-2\sqrt{ab}$，只需证 $c+2\sqrt{ab}\geqslant 3\sqrt[3]{abc}$，因为 $c+2\sqrt{ab}=c+\sqrt{ab}+\sqrt{ab}\geqslant 3\sqrt[3]{cab}=3\sqrt[3]{abc}$，所以原不等式成立.

2. 因为 $1-x\neq 1$，所以 $\log_a(1-x)\neq 0$，$\dfrac{|\log_a(1+x)|}{|\log_a(1-x)|}=|\log_{(1-x)}(1+x)|=-\log_{(1-x)}(1+x)=\log_{(1-x)}\dfrac{1}{1+x}>\log_{(1-x)}(1-x)=1$(因为 $0<1-x^2<1$，所以 $\dfrac{1}{1+x}>1-x>0$，$0<1-x<1$). 所以 $|\log_a(1+x)|>|\log_a(1-x)|$.

3. 因为 $0<a\leqslant b\leqslant c\leqslant\dfrac{1}{2}$，由二次函数性质可证 $a(1-a)\leqslant b(1-b)\leqslant c(1-c)$，所以

$$\frac{1}{a(1-a)}\geqslant\frac{1}{b(1-b)}\geqslant\frac{1}{c(1-c)}$$

所以

$$\frac{1}{a(1-a)}+\frac{1}{b(1-b)}\geqslant\frac{2}{b(1-b)}\geqslant\frac{2}{c(1-c)}$$

所以只需证明

$$\frac{1}{a(1-a)}+\frac{1}{b(1-b)}\leqslant\frac{1}{a(1-b)}+\frac{1}{b(1-a)}$$

也就是证

$$\frac{a-b}{a(1-a)(1-b)}\leqslant\frac{a-b}{b(1-a)(1-b)}$$

只需证 $b(a-b)\leqslant a(a-b)$，即 $(a-b)^2\geqslant 0$，显然成立. 所以命题成立.

4. 设 $0\leqslant a\leqslant b\leqslant c\leqslant 1$，于是有

$$\frac{a}{b+c+1}+\frac{b}{c+a+1}+\frac{c}{a+b+1}\leqslant\frac{a+b+c}{a+b+1}$$

再证明以下简单不等式

$$\frac{a+b+c}{a+b+1}+(1-a)(1-b)(1-c)\leqslant 1$$

因为

$$\text{左式}=\frac{a+b+1}{a+b+1}+\frac{c-1}{a+b+1}+(1-a)(1-b)(1-c)$$
$$=1-\frac{1-c}{a+b+1}[1-(1+a+b)(1-a)(1-b)]$$

再注意

$$\begin{aligned}(1+a+b)(1-a)(1-b)&\leqslant(1+a+b+ab)(1-a)(1-b)\\&=(1+a)(1+b)(1-a)(1-b)\\&=(1-a^2)(1-b^2)\leqslant 1\end{aligned}$$

得证.

5.

$$\begin{aligned}\text{左式}-\text{右式}&=x^2+y^2+z^2-2\sqrt{\frac{ab}{(b+c)(c+a)}}xy-2\sqrt{\frac{bc}{(a+b)(c+a)}}yz\\&\quad-2\sqrt{\frac{ca}{(a+b)(b+c)}}xz=\frac{b}{b+c}x^2-2\sqrt{\frac{ab}{(b+c)(c+a)}}xy+\frac{a}{c+a}y^2\\&\quad\frac{c}{c+a}y^2-2\sqrt{\frac{bc}{(a+b)(c+a)}}yz+\frac{b}{a+b}z^2+\\&\quad\frac{a}{a+b}z^2-2\sqrt{\frac{ca}{(a+b)(b+c)}}xz+\frac{c}{b+c}x^2\\&=\left(\sqrt{\frac{b}{b+c}}x+\sqrt{\frac{a}{c+a}}y\right)^2+\\&\quad\left(\sqrt{\frac{c}{c+a}}y-\sqrt{\frac{b}{a+b}}z\right)^2+\\&\quad\left(\sqrt{\frac{a}{a+b}}z-\sqrt{\frac{c}{b+c}}x\right)^2\geqslant 0\end{aligned}$$

所以左式 $\geqslant$ 右式,不等式成立.

第16章　运用权方和不等式证题

1. $\frac{a^2}{a+1}+\frac{b^2}{b+1}\geqslant\frac{(a+b)^2}{a+b+2}=\frac{1}{3}$.

2. 由柯西及均值不等式得

$$\sum\frac{1}{1+ab}\geqslant\frac{(1+1+1)^2}{1+1+1+\sum ab}=\frac{9}{3+\sum ab}\geqslant\frac{9}{3+\sum c^2}=\frac{3}{2}$$

3. 注意到

$$\begin{aligned}\text{左式}&=(a+c)\left(\frac{1}{a+b}+\frac{1}{c+d}\right)+(b+d)\left(\frac{1}{b+c}+\frac{1}{a+d}\right)\\&\geqslant(a+c)\frac{4}{a+b+c+d}+(b+d)\frac{4}{a+b+c+d}=4\end{aligned}$$

原不等式成立.

4. 注意到

$$\begin{aligned}\text{左式}&=\frac{1}{4}\sum\frac{4a}{2+a^2+b^2}\leqslant\frac{1}{4}\sum\frac{(a+1)^2}{(1+a^2)+(1+b^2)}\\&\leqslant\frac{1}{4}\sum\left(\frac{a^2}{1+a^2}+\frac{1^2}{1+b^2}\right)\\&=\frac{1}{4}\times 3=\frac{3}{4}\end{aligned}$$

5. $2\sqrt{b^2-bc+c^2}\geqslant b+c\Rightarrow\sum\frac{a}{ka+\sqrt{b^2-bc+c^2}}$

$$\begin{aligned}&\leqslant\sum\frac{2a}{(2k-1)a+(a+b+c)}\\&=\sum\frac{1}{2(k+1)^2}\cdot\frac{[(2k+2)a]^2}{(2k-1)a^2+(a+b+c)a}\\&\leqslant\sum\frac{1}{2(k+1)^2}\left[\frac{(2k-1)^2a}{(2k-1)a}+\frac{(3a)^2}{(a+b+c)a}\right]\\&=\sum\frac{2k-1}{2(k+1)^2}+\sum\frac{9}{2(k+1)^2}\cdot\frac{a}{a+b+c}=\frac{3}{k+1}\end{aligned}$$

第17章　构造函数法证明不等式

1. $f'(x)=1-\frac{2\ln x}{x}+\frac{2a}{x}$，当 $x>1,a\geqslant 0$ 时，不难证明 $\frac{2\ln x}{x}<1$，所以

$f'(x)>0$,即 $f(x)$ 在$(0,+\infty)$内单调递增,故当 $x>1$ 时,$f(x)>f(1)=0$,所以当 $x>1$ 时,恒有 $x>\ln^2 x-2a\ln x+1$.

2.(1) 设 $F(x)=g(x)-f(x)=\frac{1}{2}x^2+2ax-3a^2\ln x-b$,则

$$F'(x)=x+2a-\frac{3a^2}{x}=\frac{(x-a)(x+3a)}{x},x>0$$

因为 $a>0$,所以,当 $x=a$ 时,$F'(x)=0$,故 $F(x)$ 在$(0,a)$上为减函数,在$(a,+\infty)$上为增函数,于是函数 $F(x)$ 在$(0,+\infty)$上的最小值是 $F(a)=f(a)-g(a)=0$,故当 $x>0$ 时,有 $f(x)-g(x)\geqslant 0$,即 $f(x)\geqslant g(x)$.

(2) 函数 $f(x)$ 的定义域为$(-1,+\infty)$,$f'(x)=\frac{1}{1+x}-\frac{1}{(1+x)^2}=\frac{x}{(1+x)^2}$,所以当 $-1<x<0$ 时,$f'(x)<0$,即 $f(x)$ 在 $x\in(-1,0)$ 上为减函数,当 $x>0$ 时,$f'(x)>0$,即 $f(x)$ 在 $x\in(0,+\infty)$ 上为增函数,因此在 $x=0$ 时,$f(x)$ 取得极小值 $f(0)=0$,而且是最小值,于是 $f(x)\geqslant f(0)=0$,从而 $\ln(1+x)\geqslant\frac{x}{1+x}$,即 $\ln(1+x)\geqslant 1-\frac{1}{1+x}$,令 $1+x=\frac{a}{b}>0$,则 $1-\frac{1}{x+1}=1-\frac{b}{a}$,于是 $\ln\frac{a}{b}\geqslant 1-\frac{b}{a}$,因此 $\ln a-\ln b\geqslant 1-\frac{b}{a}$.

3.(1) 因为 $f(x)=\frac{1+\ln x}{x},x>0$,则 $f'(x)=-\frac{\ln x}{x}$,当 $0<x<1$ 时,$f'(x)>0$;当 $x>1$ 时,$f'(x)<0$.

所以 $f(x)$ 在$(0,1)$上单调递增,在$(1,+\infty)$上单调递减,所以函数 $f(x)$ 在 $x=1$ 处取得极大值.

因为函数 $f(x)$ 在区间$(a,a+\frac{1}{2})$(其中 $a>0$)上存在极值,所以 $\begin{cases}a<1\\ a+\frac{1}{2}>1\end{cases}$,解得 $\frac{1}{2}<a<1$.

(2) 不等式 $f(x)\geqslant\frac{k}{x+1}$,即为 $\frac{(x+1)(1+\ln x)}{x}\geqslant k$,记

$$g(x)=\frac{(x+1)(1+\ln x)}{x}$$

所以

$$g'(x)=\frac{[(x+1)(1+\ln x)]'x-(x+1)(1+\ln x)}{x^2}=\frac{x-\ln x}{x^2}$$

令 $h(x)=x-\ln x$,则 $h'(x)=1-\frac{1}{x}$,因为 $x\geqslant 1$,所以 $h'(x)\geqslant 0$.

所以 $h(x)$ 在$[0,+\infty)$上单调递增,所以$[h(x)]_{\min}=h(1)=1>0$,从而 $g'(x)>0$.

故 $g(x)$ 在$[1,+\infty)$上也单调递增,所以$[g(x)]_{\min}=g(1)=2$,所以 $k\leqslant 2$.

(3) 由(2)知:$f(x)>\frac{2}{x+1}$ 恒成立,即

$$\ln x\geqslant\frac{x-1}{x+1}=1-\frac{2}{x+1}>1-\frac{2}{x}$$

令 $x=n(n+1)$,则

$$\ln[n(n+1)]>1-\frac{2}{n(n+1)}$$

所以 $\ln(1\times 2)>1-\frac{2}{1\times 2}$,$\ln(2\times 3)>1-\frac{2}{2\times 3}$,$\ln(3\times 4)>1-\frac{2}{3\times 4}$,…,$\ln[n(n+1)]>1-\frac{2}{n(n+1)}$.

叠加得

$$\ln[1\times 2^2\times 3^2\times\cdots\times n^2\times(n+1)]>n-2\left[\frac{1}{1\times 2}+\frac{1}{2\times 3}+\cdots+\frac{1}{n(n+1)}\right]$$

$$=n-2(1-\frac{1}{n+1})>n-2+\frac{1}{n+1}>n-2$$

则

$$1\times 2^2\times 3^2\times\cdots\times n^2\times(n+1)>\mathrm{e}^{n-2}$$

所以

$$[(n+1)!]^2>(n+1)\cdot\mathrm{e}^{n-2},n\in\mathbf{N}^*$$

4.(1) 原函数的定义域为$(0,+\infty)$,因为 $f'(x)=\frac{1}{x}-a-\frac{1-a}{x^2}=\frac{-ax^2+x+a-1}{x^2}$,当 $a=0$ 时,$f'(x)=\frac{x-1}{x^2}$,令 $f'(x)=\frac{x-1}{x^2}>0$,得 $x>1$,所以此时函数 $f(x)$ 在$(1,+\infty)$上是增函数,在$(0,1)$上是减函数.

当 $a<0$ 时,令 $f'(x)=\frac{-ax^2+x+a-1}{x^2}>0$,得 $-ax^2+x-1+a>$

0,解得 $x>1$ 或 $x<\frac{1}{a}-1$(舍去),此时函数 $f(x)$ 在 $(1,+\infty)$ 上是增函数,在 $(0,1)$ 上是减函数.

当 $0<a<\frac{1}{2}$ 时,令 $f'(x)=\frac{-ax^2+x+a-1}{x^2}>0$,得 $-ax^2+x-1+a>0$,解得 $1<x<\frac{1}{a}-1$.

此时函数 $f(x)$ 在 $(1,\frac{1}{a}-1)$ 上是增函数,在 $(0,1)$ 和 $(\frac{1}{a}-1,+\infty)$ 上是减函数.

(2) 由(1)知:$a=0$ 时,$f(x)=\ln x+\frac{1}{x}-1$ 在 $(1,+\infty)$ 上是增函数,所以 $x>1$ 时 $f(x)>f(1)=0$.

设

$$g(x)=f(x)-(x^2-1)=\ln x+\frac{1}{x}-x^2,x>1$$

则

$$g'(x)=\frac{1}{x}-\frac{1}{x^2}-2x=\frac{-2x^3+x-1}{x^2}=\frac{-(x+1)(2x^3-2x+1)}{x^2}$$

因为 $2x^2-2x+1>0$ 恒成立,所以 $x>1$ 时,$g'(x)<0$,$g(x)$ 单调递减.

所以 $x>1$ 时,$g(x)<g(1)=0$,即 $f(x)<x^2-1$.

又 $f(x)>0$,所以

$$\frac{1}{f(x)}>\frac{1}{x^2-1}=\frac{1}{(x-1)(x+1)}=\frac{1}{2}\left(\frac{1}{x-1}-\frac{1}{x+1}\right)$$

所以

$$\frac{1}{f(2)}+\frac{1}{f(3)}+\frac{1}{f(4)}+\cdots+\frac{1}{f(n)}$$

$$>\frac{1}{2}\left(1-\frac{1}{3}+\frac{1}{2}-\frac{1}{4}+\frac{1}{3}-\frac{1}{5}+\cdots+\frac{1}{n-1}-\frac{1}{n+1}\right)$$

$$=\frac{1}{2}\left(1+\frac{1}{2}-\frac{1}{n}-\frac{1}{n+1}\right)=\frac{3}{4}-\frac{2n+1}{2n(n+1)}$$

所以不等式得证.

5.(1) $f'(x)=a-\frac{b}{x^2}$,根据题意 $f'(1)=a-b=2$,即 $b=a-2$.

(2) 由(1)知

$$f(x)=ax+\frac{a-2}{x}+2-2a$$

令

$$g(x)=f(x)-2\ln x=ax+\frac{a-2}{x}+2-2a-2\ln x,x\in[1,+\infty)$$

则

$$g(1)=0,g'(x)=a-\frac{a-2}{x^2}-\frac{2}{x}=\frac{a(x-1)(x-\frac{2-a}{a})}{x^2}$$

① 当 $0<a<1$ 时，$\frac{2-a}{a}>1$，若 $1<x<\frac{2-a}{a}$，则 $g'(x)<0$，$g(x)$ 在 $[1,+\infty)$ 上为减函数，所以 $g(x)<g(1)=0$，$f(x)\geqslant 2\ln x$ 在 $[1,+\infty)$ 上恒不成立.

②$a\geqslant 1$ 时，$\frac{2-a}{a}\leqslant 1$，当 $x>1$ 时，$g'(x)>0$，$g(x)$ 在 $[1,+\infty)$ 上为增函数，又 $g(1)=0$，所以 $f(x)\geqslant 2\ln x$.

综上所述，所求 a 的取值范围是 $[1,+\infty)$.

(3) 由(2) 知当 $a\geqslant 1$ 时，$f(x)\geqslant 2\ln x$ 在 $[1,+\infty)$ 上恒成立.

取 $a=1$，得 $x-\frac{1}{x}\geqslant 2\ln x$.

令 $x=\frac{2n+1}{2n-1}>1,n\in\mathbf{N}^*$，得

$$\frac{2n+1}{2n-1}-\frac{2n-1}{2n+1}>2\ln\frac{2n+1}{2n-1}$$

即

$$1+\frac{2}{2n-1}-\left(1-\frac{2}{2n+1}\right)>2\ln\frac{2n+1}{2n-1}$$

所以

$$\frac{1}{2n-1}>\frac{1}{2}\ln\frac{2n+1}{2n-1}+\frac{1}{2}\left(\frac{1}{2n-1}-\frac{1}{2n+1}\right)$$

上式中 $n=1,2,3,\cdots,n$，然后 n 个不等式相加得到

$$1+\frac{1}{3}+\frac{1}{5}+\cdots+\frac{1}{2n-1}>\frac{1}{2}\ln(2n+1)+\frac{n}{2n+1}$$

第18章　运用赫尔德不等式证题

1. 由赫尔德不等式得

$$\left(\sqrt[3]{\frac{a+b}{a+c}}+\sqrt[3]{\frac{b+c}{b+a}}+\sqrt[3]{\frac{c+a}{c+b}}\right)^3\leqslant 6\sum a\sum\frac{1}{a+b}\leqslant\sum a\sum\frac{1}{a}$$

下面只需证明

$$3\sum a\sum\frac{1}{a}\leqslant\frac{(a+b+c)^3}{abc}\Leftrightarrow(a+b+c)^2\geqslant 3\sum ab$$

运用均值不等式显然成立.

2. **证法一**　注意到:

$$\sum\frac{a^3}{b+c+d}+\sum\frac{b+c+d}{18}+\sum\frac{1}{12}\geqslant 3\sum\frac{a}{6}$$

$$\Leftrightarrow\sum\frac{a^3}{b+c+d}\geqslant\frac{1}{3}\sum a-\frac{1}{3}$$

又有

$$1=ab+bc+cd+da=(a+c)(b+d)\leqslant\frac{(a+b+c+d)^2}{4}\Leftrightarrow\sum a\geqslant 2$$

由$\frac{1}{3}\sum a-\frac{1}{3}\geqslant\frac{1}{3}$得证.

证法二　由赫尔德不等式得

$$4\sum\frac{a^3}{b+c+d}\sum(b+c+d)\geqslant\left(\sum a\right)^3$$

下面只需证:$\left(\sum a\right)^3\geqslant\frac{4\sum(b+c+d)}{3}\Leftrightarrow\sum a\geqslant 2$,同上.

3. **证法一**

$$\sum\sqrt[3]{\frac{1}{a}+6b}=\frac{1}{\sqrt{3}}\sum\sqrt[3]{\frac{1}{\sqrt{3}abc}(1+6ab)9bc}$$

$$\leqslant\frac{1}{3\sqrt{3}}\sum\left(\frac{1}{\sqrt{3}abc}+1+6ab+9bc\right)$$

$$=\frac{1}{\sqrt{3}}\left(\frac{\sqrt{3}}{abc}+18\right)$$

证法二　根据赫尔德不等式得

$$\sum\sqrt[3]{\frac{1}{a}+6b}=\sum\sqrt[3]{(1+6ab)\frac{1}{a}}\leqslant\sqrt[3]{\sum(1+6ab)\sum\frac{1}{a}\sum 1}$$

$$=3\sqrt[3]{\sum \frac{1}{a}}$$

下面只需证明：$\sum \frac{1}{a} \leqslant \frac{1}{27a^3b^3c^3} \Leftrightarrow abc \leqslant \frac{1}{3\sqrt{3}}$，由条件易知这是显然的.

4.我们将证明如下不等式链从而说明原不等式成立：

$$\sum \frac{1}{x\sqrt{2x^2+2yz}} \geqslant \frac{9}{2\sum xy} \geqslant \sum \frac{3}{x^2+xy+xz+3yz}$$

先证右边：

$$\frac{9}{2\sum xy} \geqslant \sum \frac{3}{x^2+xy+xz+3yz} \Leftrightarrow \sum \frac{(x-y)(x-z)}{x^2+xy+xz+3yz} \geqslant 0$$

记作 $\sum X(x-y)(x-z) \geqslant 0$，不妨设 $x \geqslant y \geqslant z$，由于 $xX \geqslant yY \Leftrightarrow 3z(x^2-y^2) \geqslant 0$，所以原不等式成立.

下面证左式：由赫尔德不等式得

$$\left(\sum \frac{1}{x\sqrt{2x^2+2yz}}\right)^2 \sum \frac{2x^2+2yz}{x} \geqslant \left(\sum \frac{1}{x}\right)^3$$

下面只需证

$$\left(\sum \frac{1}{x}\right)^3 \geqslant \left[\frac{9}{2\sum xy}\right]^2 \sum \frac{2x^2+2yz}{x}$$

$$2\left(\sum xy\right)^5 \geqslant 81x^2y^2z^2\left(\sum x^2yz+y^2z^2\right)$$

记

$$xy=a, yz=b, zx=c \Rightarrow 2\left(\sum a\right)^5 \geqslant 81abc\sum (ab+a^2)$$

由 $abc \leqslant \frac{\sum a \sum ab}{9}$，下面只需证

$$2\left(\sum a\right)^4 \geqslant 9\sum ab \sum (ab+a^2)$$

注意到

$$2\left(\sum a\right)^4 - 9\sum ab\sum (ab+a^2) = \left(\sum a^2 - \sum ab\right)\left(2\sum a^2 + \sum ab\right) \geqslant 0$$

原不等式成立.

5.注意到

$$\sum a\sqrt{4b^2+c^2} \leqslant \sum a(2b+c)\sum \frac{a(4b^2+c^2)}{2b+c}$$

上式的由来:首先确定取等条件:$(\frac{1}{2},\frac{1}{2},0)$.

由参数柯西不等式得

$$(\sum a\sqrt{4b^2+c^2})^2\leqslant\sum a(xa+yb+zc)\sum\frac{a(4b^2+c^2)}{xa+yb+zc}$$

由柯西取等条件知

$$\frac{(xa+yb+zc)^2}{4b^2+c^2}=\frac{(xb+yc+za)^2}{4c^2+a^2}=\frac{(xc+ya+zb)^2}{4a^2+b^2}$$

再把原不等式取等带入

$$\frac{(x+y)^2}{4}=(x+z)^2=\frac{(y+z)^2}{5}\Rightarrow y=x+2z$$

(后面的$\frac{(y+z)^2}{5}$不需考虑,因为原式 $c\sqrt{4a^2+b^2}$ 取等时是 0)

为了方便计算,我们取

$$x=0,y=2,z=1\Rightarrow\sum a\sqrt{4b^2+c^2}\leqslant\sum a(2b+c)\sum\frac{a(4b^2+c^2)}{2b+c}$$

下面只需证明:

$$\sum a(2b+c)\sum\frac{a(4b^2+c^2)}{2b+c}\leqslant\frac{9}{16}\Leftrightarrow 3\sum ab\sum\frac{a(2b+c)^2-4abc}{2b+c}\leqslant\frac{9}{16}$$

$$\Leftrightarrow 3(\sum ab)^2-4abc\sum\frac{1}{2b+c}\leqslant\frac{3}{16}$$

注意到

$$3(\sum ab)^2-4abc\sum ab\sum\frac{1}{2b+c}\leqslant 3(\sum ab)^2-12abc$$

下面只需证明

$$\frac{1}{16}+4abc\sum ab\geqslant(\sum ab)^2$$

由四次舒尔不等式得

$$r\geqslant\frac{-p^4+5p^2q-q^2}{6}=\frac{(4q-1)(1-q)}{6}$$

代入,整理得:$(3-8q)(1-4q)^2\geqslant 0$ 成立,所以原不等式成立.

第 19 章　代数代换法证明不等式

1. 令 $x=\frac{a^2}{1+a^2},y=\frac{b^2}{1+b^2},z=\frac{c^2}{1+c^2},u=\frac{d^2}{1+d^2}$,则条件可化为

$$x+y+z+u=1, a^2=\frac{x}{1-x}, b^2=\frac{y}{1-y}, c^2=\frac{z}{1-z}, d^2=\frac{u}{1-u}$$

所以

$$\begin{aligned} a^2b^2c^2d^2 &= \frac{xyzu}{(1-x)(1-y)(1-z)(1-u)} \\ &= \frac{xyzu}{(y+z+u)(x+z+u)(x+y+u)(x+y+z)} \\ &\leqslant \frac{xyzu}{3\sqrt[3]{yzu}\cdot 3\sqrt[3]{xzu}\cdot 3\sqrt[3]{xyu}\cdot 3\sqrt[3]{xyz}} = \frac{1}{81} \end{aligned}$$

所以 $abcd \leqslant \frac{1}{9}$.

或者：作三角代换，设 $a=\tan\alpha_1, b=\tan\alpha_2, c=\tan\alpha_3, d=\tan\alpha_4$，这里 $\alpha_i\in(0,\frac{\pi}{2}), i=1,2,3,4$，则

$$\sin^2\alpha_1+\sin^2\alpha_2+\sin^2\alpha_3+\sin^2\alpha_4=1 \qquad ①$$

利用平均不等式及 ① 式，可知

$$3\sqrt[3]{\sin^2\alpha_2\sin^2\alpha_3\sin^2\alpha_4}\leqslant\sin^2\alpha_2+\sin^2\alpha_3+\sin^2\alpha_4=\cos^2\alpha_1$$

类似还有另外三个不等式，于是累乘就有

$$3^4\prod_{i=1}^{4}\sin^2\alpha_i\leqslant\prod_{i=1}^{4}\cos^2\alpha_i$$

进而 $(\prod_{i=1}^{4}\tan\alpha_i)^2\leqslant\frac{1}{3^4}$，即得 $abcd\leqslant\frac{1}{9}$.

2. 由题意，设 $a=\frac{1}{x}, b=\frac{1}{y}, c=\frac{1}{z}$，其中 $x,y,z\in\mathbf{R}_+$，于是问题转化为 $xyz=1$，求证：$\frac{x^2}{y+z}+\frac{y^2}{z+x}+\frac{z^2}{x+y}\geqslant\frac{3}{2}$ 成立的问题.

证法一 由排序不等式易证得！设 $x\geqslant y\geqslant z$，$\frac{1}{y+z}\geqslant\frac{1}{z+x}\geqslant\frac{1}{x+y}$，则

$$\frac{x^2}{y+z}+\frac{y^2}{z+x}\geqslant\frac{xy}{y+z}+\frac{yx}{z+x}, \frac{x^2}{y+z}+\frac{z^2}{x+y}\geqslant\frac{xz}{y+z}+\frac{zx}{x+y}$$

$$\frac{y^2}{z+x}+\frac{z^2}{x+y}\geqslant\frac{yz}{z+x}+\frac{zy}{x+y}$$

相加

$$2\left(\frac{x^2}{y+z}+\frac{y^2}{z+x}+\frac{z^2}{x+y}\right)\geqslant x+y+z\geqslant 3\sqrt[3]{xyz}=3$$

证法二　由$\frac{x^2}{y+z}+\frac{y+z}{4}\geqslant x$，易证上式！

3. 设$x=\frac{bc}{a^2}$，$y=\frac{ca}{b^2}$，$z=\frac{ab}{c^2}$，则$x,y,z>0$，$xyz=1$，于是，原不等式的右边不等式等价于

$$\frac{x}{1+2x}+\frac{y}{1+2y}+\frac{z}{1+2z}\leqslant 1$$

等价于

$$x(1+2y)(1+2z)+y(1+2z)(1+2x)+z(1+2x)(1+2y)$$
$$\leqslant(1+2x)(1+2y)(1+2z)$$

等价于

$$1+x+y+z\geqslant 4xyz$$

注意到$x,y,z>0$，$xyz=1$，知$1+x+y+z\geqslant 1+3\sqrt[3]{xyz}=4=4xyz$，获证.

4. 由题意，设$a=\frac{yz}{x^2}$，$b=\frac{zx}{y^2}$，$c=\frac{xy}{z^2}$，其中$x,y,z\in\mathbf{R}$，则

$$\frac{1}{a^2(b+c)}=\frac{1}{\frac{y^2z^2}{x^4}\left(\frac{zx}{y^2}+\frac{xy}{z^2}\right)}=\frac{x^3}{y^3+z^3}$$

同理再得二式，于是原不等式等价于

$$\frac{x^3}{y^3+z^3}+\frac{y^3}{z^3+x^3}\ \frac{z^3}{x^3+y^3}\geqslant\frac{3}{2}$$

这等价于如下常见的不等式：若$a,b,c>0$，则

$$\frac{a}{b+c}+\frac{b}{c+a}+\frac{c}{a+b}\geqslant\frac{3}{2}$$

5. 令

$$\begin{cases}x=k(b+c)-a\\y=k(c+a)-b\\z=k(a+b)-c\end{cases}$$

则

$$\begin{cases}a=\dfrac{(1-k)x+ky+kz}{(2k-1)(k+1)}\\ b=\dfrac{(1-k)y+kz+kx}{(2k-1)(k+1)}\\ c=\dfrac{(1-k)z+kx+ky}{(2k-1)(k+1)}\end{cases}$$

则所证不等式

$$\begin{aligned}\text{左式}&=\frac{(1-k)x+ky+kz}{(2k-1)(k+1)x}+\frac{(1-k)y+kz+kx}{(2k-1)(k+1)y}+\frac{(1-k)z+kx+ky}{(2k-1)(k+1)z}\\&=\frac{1}{(2k-1)(k+1)}\left[3(1-k)+k\left(\frac{y}{x}+\frac{z}{x}+\frac{z}{y}+\frac{x}{y}+\frac{x}{z}+\frac{y}{z}\right)\right]\\&=\frac{1}{(2k-1)(k+1)}[3(1-k)+6k]\geqslant\frac{3}{2k-1}\end{aligned}$$

当且仅当 $a=b=c$ 时上述等号成立.

第 20 章　运用平抑法证明不等式

1. 设$\frac{1}{x+2}=\frac{1}{3}+a,\frac{1}{y+2}=\frac{1}{3}+b,\frac{1}{z+2}=\frac{1}{3}+c$,得$-\frac{1}{3}<a,b,c<\frac{1}{6}$,且

$$x=1-\frac{9a}{1+3a},y=1-\frac{9b}{1+3b},z=1-\frac{9c}{1+3c}$$

$$\frac{1}{x}=1-\frac{9a}{1-6a},\frac{1}{y}=1-\frac{9b}{1-6b},\frac{1}{z}=1-\frac{9c}{1-6c}$$

问题转化为

$$\sqrt{1-\frac{9a}{1+3a}}+\sqrt{1-\frac{9a}{1+3a}}+\sqrt{1-\frac{9a}{1+3a}}-$$

$$\left(\sqrt{1-\frac{9a}{1+3a}}+\sqrt{1-\frac{9a}{1+3a}}+\sqrt{1-\frac{9a}{1+3a}}\right)\geqslant 0$$

考察

$$\sqrt{1-\frac{9x}{1+3x}}\geqslant\sqrt{1-\frac{9x}{1-6x}}\Leftrightarrow-\frac{9x}{1+3x}\geqslant-\frac{9x}{1-6x}\Leftrightarrow$$

$$9x\left(\frac{9x}{1-6x}-\frac{9x}{1+3x}\right)\geqslant 0\Leftrightarrow\frac{(9x^2)}{(1-6x)(1+3x)}\geqslant 0$$

最后一步成立,所以最先一步成立.当且仅当 $x=0$ 时取等号;表明问题一

定成立,当且仅当 $a=b=c=0$ 时取等号. 所以,原不等式成立,当且仅当 $x=y=z=1$ 时取等号.

2. 不妨设 $a+b+c=1, a=\max\{a,b,c\}, f(a,b,c)=\sum \frac{1}{a^2+b^2}-10$.

$$f(a,b,c)-f(a,b+c,0)\geqslant 0$$
$$\Rightarrow f(a,b,0)=\frac{1}{a^2+b^2}+\frac{1}{a^2}+\frac{1}{b^2}-10$$
$$=\frac{(a-b)^2(a^4+4a^3b+a^2b^2+4ab^3+b^4)}{(a^2+b^2)a^2b^2}\geqslant 0$$

另证:不妨设

$$c=\min\{a,b,c\}, x=a+\frac{c}{2}$$
$$y=b+\frac{c}{2}\Rightarrow a^2+b^2\leqslant x^2+y^2$$
$$a^2+c^2\leqslant x^2$$
$$b^2+c^2\leqslant y^2$$

故

$$\text{左式}\geqslant \frac{1}{x^2+y^2}+\frac{1}{x^2}+\frac{1}{y^2}$$

后面同上.

3. $f(a,b,c,d)=\frac{1}{(3a-1)^2}+\frac{1}{(3b-1)^2}+\frac{1}{(3c-1)^2}+\frac{1}{(3d-1)^2}$.

倘若 $\min\{a,b,c,d\}>\frac{1}{3}$.

$$f(a,b,c,d)-f(\sqrt{ac},b,\sqrt{ac},d)=\frac{1}{(3a-1)^2}+\frac{1}{(3c-1)^2}-\frac{2}{(3\sqrt{ac}-1)^2}$$
$$\geqslant \frac{2}{(3a-1)(3c-1)}-\frac{2}{(3\sqrt{ac}-1)^2}$$
$$=\frac{6(\sqrt{a}-\sqrt{c})^2}{(3a-1)(3c-1)(3\sqrt{ac}-1)^2}\geqslant 0$$

故

$$f(a,b,c,d)\geqslant f(\sqrt{ac},b,\sqrt{ac},d)\geqslant f(\sqrt{ac},\sqrt{bd},\sqrt{ac},\sqrt{bd})=f(x,\frac{1}{x},x,\frac{1}{x})$$
$$=\frac{2}{(3x-1)^2}+\frac{2}{(\frac{3}{x}-1)^2}\geqslant \frac{4}{(3x-1)(\frac{3}{x}-1)}=\frac{4}{10-3x-\frac{3}{x}}\geqslant 1$$

倘若 $\min\{a,b,c,d\}<\frac{1}{3}\Rightarrow f(a,b,c,d)\geqslant\frac{1}{(3\min-1)^2}\geqslant 1\Leftrightarrow 1-3x\leqslant 1$. 显然成立.

4. 由 $a+b+c=0$,考察函数

$$f(x)=\frac{2x+x^2-x^3}{4+x}\Rightarrow f(x)=-x^2+\frac{72}{4+x}-18$$

即证

$$\frac{72}{a+4}+\frac{72}{a+4}+\frac{72}{a+4}-(a^2+b^2+c^2)-3\times 18\geqslant 0$$

5. 首先,双曲线型函数 $f(x)=\frac{4}{x+4}-1$ 是下凹函数是很明显的,因此

$$\begin{aligned}4\left(\frac{1}{a+4}+\frac{1}{a+4}+\frac{1}{a+4}\right)-3&=3\cdot\frac{f(a)+f(b)+f(c)}{3}\\&\geqslant 3\cdot f\left(\frac{a+b+c}{3}\right)\\&=3\cdot\frac{4}{\frac{a+b+c}{3}+4}-3=0\end{aligned}$$

不成问题;

那么,$g(x)=\frac{4}{x+4}-\frac{x^2}{27}-1$ 情形如何呢?如图1所示,已把纵轴单位相当程度地放大,函数图像在 $(-1,2)$ 上总体下凹,$x>0$ 时,部分极微弱地呈上凸,几乎是直线,因此,可忽略凸凹变化. 处在如图1所示的直线 $h(x)=\frac{\frac{4}{4+2}-\frac{2^2}{27}-1}{2}x$ 上,对于 $a+b+c=0$,$f(a)+f(b)+f(c)=0$;所以

$$4\left(\frac{1}{a+4}+\frac{1}{a+4}+\frac{1}{a+4}\right)-\frac{a^2+b^2+c^2}{27}-3\geqslant 0$$

仍成立,$a=b=c=0$ 时取等号.

所以,原不等式成立,$x=y=z=1$ 时,等式成立. 故

$$\begin{aligned}f(a)+f(b)+f(c)&\geqslant f(3\times 4^{\frac{1}{3}}-4)+f(-a-3\times 4^{\frac{1}{3}}+4)+f(a)\\&=\frac{F(a)}{(a+4)(8-3\times\sqrt[3]{4}-a)}>0\end{aligned}$$

其中 $F(a)$ 是个关于 a 的四次多项式并且次数全非负,综上原不等式成立,取等当且仅当 $a=b=c=0$.

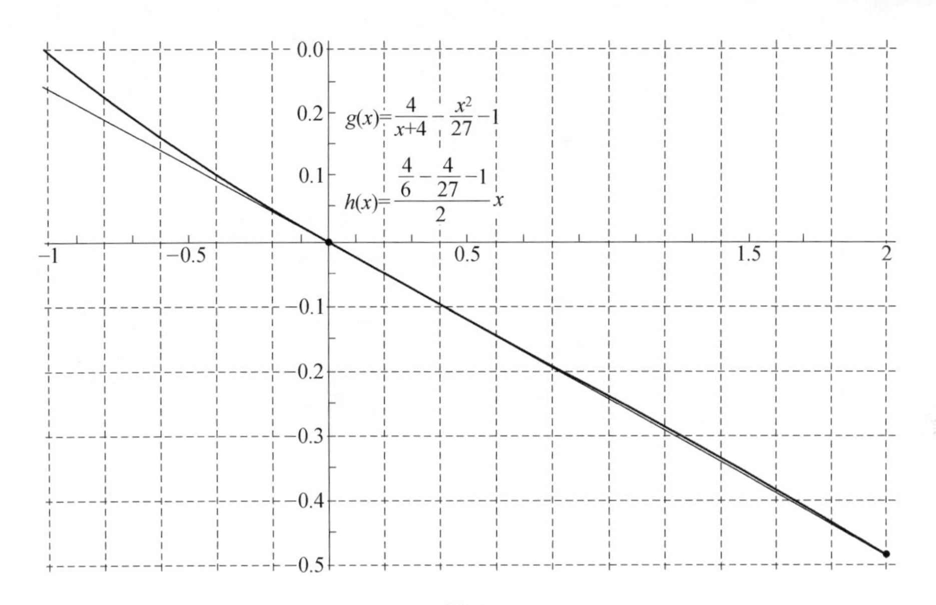

图 1

将 a,b,c 调整到正数范围. 设 $a=x-1,b=y-1,c=z-1,0<x,y,z<3,x+y+z=3$,固定 $x\geqslant y\geqslant z\Leftrightarrow T=\sum\left(\frac{2x}{27}-\frac{x^2}{27}+\frac{4}{3+x}\right)\geqslant\frac{28}{9}$.

考察函数

$$f(x)=\frac{2x}{27}-\frac{x^2}{27}+\frac{4}{3+x}$$

$$f''(x)=\frac{2(81-27x-9x^2-x^3)}{27(3+x)^3}=0$$

凸凹拐点为 $x=3(2^{2/3}-1)$.

情况 1:$x\geqslant 3(2^{2/3}-1),y,z<3(2^{2/3}-1)$.

$$T\geqslant 2f\left(\frac{y+z}{2}\right)+f(x)=2f\left(\frac{3-x}{2}\right)+f(x)$$

$$=\frac{1\ 539+276x-16x^2-8x^3+x^4}{18(9-x)(3+x)}=g(x)$$

$$g'(x)=\frac{-891+1\ 107x-234x^2+6x^3+13x^4-x^5}{9(-9+x)^2(3+x)^2}=0,x=1$$

另外两个实根超过了限定条件.

$$g''(x)=\frac{-40\ 581+22\ 842x-3\ 807x^2-972x^3-27x^4+18x^5-x^6}{9(-9+x)^3(3+x)^3}$$

$$g'(1)=\frac{11}{144}>0$$

$$T\geqslant g(1)=\frac{28}{9}>3$$

情况 2：$x,y,z\leqslant 3(2^{2/3}-1)$，不等式显然成立.

取 $f(x)=\frac{4}{x+4}-\frac{x^2}{27}-1\Rightarrow$ 原不等式，即

$$f(a)+f(b)+f(c)\geqslant 0$$

$$f''=\frac{8}{(x+4)^3}-\frac{2}{27}\Rightarrow f$$

在$[-1,3\times 4^{\frac{1}{3}}-4]$下凸，$[3\times 4^{\frac{1}{3}}-4,2]$上凸.

由于 $a+b+c=0$，故至少一个根在$[-1,3\times 4^{\frac{1}{3}}-4]$上.

i　$a,b,c\in[-1,3\times 4^{\frac{1}{3}}-4]$.

由 Jensen 不等式得

$$f(a)+f(b)+f(c)\geqslant 3f\left(\frac{a+b+c}{3}\right)=0$$

ii　$a,b\in[-1,3\times 4^{\frac{1}{3}}-4]$，$c\in[3\times 4^{\frac{1}{3}}-4,2]$.

由 Jensen 不等式得

$$\begin{aligned}f(a)+f(b)+f(c)&\geqslant 2f\left(\frac{a+b}{2}\right)+f(c)\\&=2f\left(\frac{-c}{2}\right)+f(c)\\&=\frac{c^2(22-4c+c^2)}{18(8-c)(4+c)}>0\end{aligned}$$

iii　$a\in[-1,3\times 4^{\frac{1}{3}}-4]$，$b\leqslant c\in[3\times 4^{\frac{1}{3}}-4,2]$.

那么 $3\times 4^{\frac{1}{3}}-4\leqslant b\leqslant b+c-3\times 4^{\frac{1}{3}}+4$.

存在 0,1 之间实数 t 使得

$$b=t(3\times 4^{\frac{1}{3}}-4)+(1-t)(b+c-3\times 4^{\frac{1}{3}}+4)$$

$$\Leftrightarrow c=(1-t)(3\times 4^{\frac{1}{3}}-4)+t(b+c-3\times 4^{\frac{1}{3}}+4)$$

由于$[3\times 4^{\frac{1}{3}}-4,2]$上是上凸函数，故

$$f(b)\geqslant tf(3\times 4^{\frac{1}{3}}-4)+(1-t)f(b+c-3\times 4^{\frac{1}{3}}+4)$$

$$f(c)\geqslant(1-t)f(3\times 4^{\frac{1}{3}}-4)+tf(b+c-3\times 4^{\frac{1}{3}}+4)$$

相加

$$f(b)+f(c)\geqslant f(3\times 4^{\frac{1}{3}}+4)+f(b+c-3\times 4^{\frac{1}{3}}+4)$$

第 21 章　运用局部调整法证明不等式

1.(1) 首先我们证明

$$\left(a+\frac{1}{a}\right)\left(b+\frac{1}{b}\right)\geqslant\left(\frac{a+b}{2}+\frac{2}{a+b}\right)^2 \quad ①$$

$$\Leftrightarrow ab+\frac{a}{b}+\frac{b}{a}+\frac{1}{ab}-\frac{(a+b)^2}{4}-\frac{4}{(a+b)^2}-2\geqslant 0$$

$$\Leftrightarrow (a-b)^2[4(a+b)^2+4-ab(a+b)^2]\geqslant 0$$

由于 $0<a,b<1$,上式为真,所以 ① 式为真,由局部调整法知

$$\left(a+\frac{1}{a}\right)\left(b+\frac{1}{b}\right)\left(c+\frac{1}{c}\right)\left(d+\frac{1}{d}\right)\geqslant\left(\frac{a+b+c+d}{4}+\frac{4}{a+b+c+d}\right)^4$$

$$=\left(\frac{17}{4}\right)^4$$

(2) 因 $\left(a+\frac{1}{a}\right)\left(b+\frac{1}{b}\right)\geqslant\left(\sqrt{ab}+\frac{1}{\sqrt{ab}}\right)^2\Leftrightarrow\frac{a}{b}+\frac{b}{a}\geqslant 2$ 成立,所以我们有

$$\left(a+\frac{1}{a}\right)\left(b+\frac{1}{b}\right)\left(c+\frac{1}{c}\right)\geqslant\left(\sqrt{ab}+\frac{1}{\sqrt{ab}}\right)^2\left(c+\frac{1}{c}\right)$$

下面继续调整 $\sqrt{ab}$ 和 c,反复调整其中的两个变量,直至无穷,由极限知识知

$$\left(a+\frac{1}{a}\right)\left(b+\frac{1}{b}\right)\left(c+\frac{1}{c}\right)\geqslant\left(\sqrt[3]{abc}+\frac{1}{\sqrt[3]{abc}}\right)^3=8$$

2. 设 $f(A,B,C)=\sum\sin B\sin C\cos\frac{A}{2}$,则

$$f(A,B,C)=\frac{1}{2}\cos\frac{A}{2}[\cos(B-C)+\cos(B+C)]+$$
$$2\sin A\cos\frac{B}{2}\cos\frac{C}{2}(\sin\frac{B}{2}+\sin\frac{C}{2})$$
$$=\frac{1}{2}\cos\frac{A}{2}[\cos(B-C)+\cos(B+C)]+$$
$$2\sin A(\cos\frac{B+C}{2}+\cos\frac{B-C}{2})\sin\frac{B+C}{4}\cos\frac{B-C}{4}$$

$$=\frac{1}{2}\cos\frac{A}{2}\cos(B-C)+\frac{1}{2}\cos\frac{A}{2}\cos(B+C)+$$
$$2\sin A\cos\frac{B+C}{2}\sin\frac{B+C}{4}\cos\frac{B-C}{4}+$$
$$2\sin A\sin\frac{B+C}{4}\cos\frac{B-C}{4}\cos\frac{B-C}{2}$$

和

$$f(A,B,C)-f(A,\frac{B+C}{2},\frac{B+C}{2})$$
$$=\frac{1}{2}\cos\frac{A}{2}[\cos(B-C)-1]+$$
$$2\sin A\cos\frac{B+C}{2}\sin\frac{B+C}{4}\left(\cos\frac{B-C}{4}-1\right)+$$
$$2\sin A\sin\frac{B+C}{4}\left(\cos\frac{B-C}{4}\cos\frac{B-C}{2}-1\right)\leqslant 0$$

所以不断地对 $f(A,B,C)$ 中三个变量进行局部调整法，函数值越来越小，直至

$$f(A,B,C)\leqslant f(60^\circ,60^\circ,60^\circ)=\frac{9\sqrt{3}}{8}$$

3.(1) 由于对称性，不妨设 $a_1\leqslant a_2\leqslant\cdots\leqslant a_n$，且设

$$f(a_1,a_2,\cdots,a_n)=\frac{1}{a_1}+\frac{1}{a_2}+\cdots+\frac{1}{a_n}+\frac{n}{a_1+a_2+\cdots+a_n}-n-1$$

则

$$f(a_1,a_2,\cdots,a_n)-f(\sqrt{a_1a_n},a_2,\cdots,a_{n-1},\sqrt{a_1a_n})$$
$$=\frac{1}{a_1}+\frac{1}{a_n}-\frac{2}{\sqrt{a_1a_n}}+\frac{n}{a_1+a_2+\cdots+a_n}-\frac{n}{2\sqrt{a_1a_n}+a_2+\cdots+a_{n-1}}$$
$$=\frac{(\sqrt{a_n}-\sqrt{a_1})^2\left[(a_1+a_2+\cdots+a_n)(2\sqrt{a_1a_n}+a_2+\cdots+a_{n-1})-na_1a_n\right]}{a_1a_n(a_1+a_2+\cdots+a_n)(2\sqrt{a_1a_n}+a_2+\cdots+a_{n-1})}$$
$$\geqslant\frac{(\sqrt{a_n}-\sqrt{a_1})^2\left[((n-1)a_1+a_n)(2\sqrt{a_1a_n}+(n-2)a_1)-na_1a_n\right]}{a_1a_n(a_1+a_2+\cdots+a_n)(2\sqrt{a_1a_n}+a_2+\cdots+a_{n-1})}$$
$$\geqslant\frac{(\sqrt{a_n}-\sqrt{a_1})^2\left[a_n(2\sqrt{a_1a_n}+(n-2)a_1)-na_1a_n\right]}{a_1a_n(a_1+a_2+\cdots+a_n)(2\sqrt{a_1a_n}+a_2+\cdots+a_{n-1})}\geqslant 0$$

此类调整都在自变量的最大值和最小值之间进行，直到它们都调整到它们的几何平均 1，所以 $f(a_1,a_2,\cdots,a_n)\geqslant f(1,1,\cdots,1)=0$. 结论得证.

(2) 欲证不等式等价于

$$\left(\frac{a+b+c+d}{2}\right)^3 \leqslant \left[\left(\frac{a^2+b^2+c^2+d^2}{4}\right)^2+abcd\right]\left(\frac{1}{a}+\frac{1}{b}+\frac{1}{c}+\frac{1}{d}\right)$$

不妨设 $a \geqslant b \geqslant c \geqslant d > 0$ 和 $s=\frac{a+c}{2}, t=\sqrt{ac}$. 上式等价于

$$\left[\left(\frac{4s^2-2t^2+b^2+d^2}{4}\right)^2+t^2bd\right]\left(\frac{2s}{t^2}+\frac{1}{b}+\frac{1}{d}\right)-\left(\frac{2s+b+d}{2}\right)^3 \geqslant 0$$

设 $f(x)=\left[\left(\frac{4x^2-2t^2+b^2+d^2}{4}\right)^2+t^2bd\right]\left(\frac{2x}{t^2}+\frac{1}{b}+\frac{1}{d}\right)-\left(\frac{2x+b+d}{2}\right)^3$,

$t \leqslant x \leqslant s$, 则

$$\begin{aligned}
f'(x)=&(4x^2-2t^2+b^2+d^2)x\cdot\left(\frac{2x}{t^2}+\frac{1}{b}+\frac{1}{d}\right)+\\
&\frac{2}{t^2}\left[\left(\frac{4x^2-2t^2+b^2+d^2}{4}\right)^2+t^2bd\right]-\frac{3}{4}(2x+b+d)^2\\
=&(4x^2-2t^2+b^2+d^2)x\cdot\left(\frac{2x}{t^2}+\frac{1}{b}+\frac{1}{d}\right)+\\
&\frac{2}{t^2}\left(\frac{4x^2-2t^2+b^2+d^2}{4}\right)^2+2bd-\frac{3}{4}(2x+b+d)^2\\
\geqslant&(4x^2-2x^2+b^2+d^2)x\cdot\left(\frac{2x}{x^2}+\frac{1}{b}+\frac{1}{d}\right)+\\
&\frac{2}{x^2}\left(\frac{4x^2-2x^2+b^2+d^2}{4}\right)^2+2bd-\frac{3}{4}(2x+b+d)^2\\
\geqslant&(2x^2+b^2+d^2)\left(2+\frac{x}{b}+\frac{x}{d}\right)+\\
&\frac{2}{x^2}\left(\frac{2x^2+b^2+d^2}{4}\right)^2+2bd-\frac{3}{4}(2x+b+d)^2
\end{aligned}$$

由于 $x \geqslant t=\sqrt{ac} \geqslant \sqrt{bd} \geqslant \dfrac{2}{\frac{1}{b}+\frac{1}{d}}$,所以有

$$\frac{x}{b}+\frac{x}{d} \geqslant 2, 2x^2+b^2+d^2 \geqslant 2bx+2dx$$

进而有

$$\begin{aligned}
f'(x) &\geqslant 4(2x^2+b^2+d^2)+\frac{(b+d)^2}{2}+2bd-\frac{3}{4}(2x+b+d)^2\\
&=5x^2+\frac{15b^2}{4}+\frac{15d^2}{4}-3xb-3xd+\frac{3}{2}bd
\end{aligned}$$

$$\geqslant 2\sqrt{\frac{5}{2}x^2\cdot\frac{15b^2}{4}}+2\sqrt{\frac{5}{2}x^2\cdot\frac{15d^2}{4}}-3xb-3xd+\frac{3}{2}bd>0$$

即知 $f(x)$ 为单调增加函数,有 $f(s)\geqslant f(t)$,即

$$\left[\left(\frac{4s^2-2t^2+b^2+d^2}{4}\right)^2+t^2bd\right]\left(\frac{2s}{t^2}+\frac{1}{b}+\frac{1}{d}\right)-\left(\frac{2s+b+d}{2}\right)^3$$

$$\geqslant\left[\left(\frac{2t^2+b^2+d^2}{4}\right)^2+t^2bd\right]\left(\frac{2}{t}+\frac{1}{b}+\frac{1}{d}\right)-\left(\frac{2t+b+d}{2}\right)^3$$

所以我们把 $a\geqslant b\geqslant c\geqslant d>0$ 的 $a,b,c,d>0$ 调整到了 $\sqrt{ac},b,\sqrt{ac},d$. 反复此类调整,直至前三个数相等,即为 $\sqrt[3]{abc},\sqrt[3]{abc},\sqrt[3]{abc},d$,此时若令 $u=\sqrt[3]{abc}\geqslant d,v=\frac{u}{d}\geqslant 1$,我们有

$$\left[\left(\frac{a^2+b^2+c^2+d^2}{4}\right)^2+abcd\right]\left(\frac{1}{a}+\frac{1}{b}+\frac{1}{c}+\frac{1}{d}\right)-\left(\frac{a+b+c+d}{2}\right)^3$$

$$\geqslant\left[\left(\frac{3u^2+d^2}{4}\right)^2+u^3d\right]\left(\frac{3}{u}+\frac{1}{d}\right)-\left(\frac{3u+d}{2}\right)^3$$

$$=d^3\left\{\left[\left(\frac{3v^2+1}{4}\right)^2+v^3\right]\left(\frac{3}{v}+1\right)-\left(\frac{3v+1}{2}\right)^3\right\}$$

$$=\frac{d^3}{16v}(9v^5-11v^4-v+3)$$

$$=\frac{d^3}{16v}(v-1)(9v^4-2v^3-2v^2-2v+3)\geqslant 0$$

4.(1) 对于任意两个 x_i,x_j,当 $x_i-x_j\geqslant 2$ 时,为了记述上的方便,不妨设 $x_1-x_2\geqslant 2$. 令 $x_1\to x_1-1,x_2\to x_2+1$ 时,前后的值差为

$$x_1^2+x_2^2+x_3^2+\cdots+x_{100}^2-[(x_1-1)^2+(x_2+1)^2+x_3^2+\cdots+x_{100}^2]$$

$$=x_1^2+x_2^2-[(x_1-1)^2+(x_2+1)^2]=2(x_1-x_2)-2\geqslant 2$$

所以自变量原差距大于等于2时,当作缩小差距变换时,$x_1^2+x_2^2+\cdots+x_{100}^2$ 在减少.

当 $x_1^2+x_2^2+\cdots+x_{100}^2$ 最小时,自变量差距必都小于等于1,即 $x_i(i=1,2,\cdots,100)$ 中有87个20和13个21,此时 $(x_1^2+x_2^2+\cdots+x_{100}^2)_{\min}=87\times 20^2+13\times 21^2=40\ 533$.

反之,把变量“集中”一数时,$x_1^2+x_2^2+\cdots+x_{100}^2$ 最大,此时 $x_i(i=1,2,\cdots,100)$ 中有99个1和1个1 014.

$$(x_1^2+x_2^2+\cdots+x_{100}^2)_{\max}=99\times 1^2+1\ 014^2=1\ 028\ 295$$

(2) 先证引理:若 $x,y>0,x+y<\frac{7}{10}$,则有

$$(x+y)^4-(x+y)^5>x^4-x^5+y^4-y^5$$

等价于

$$4x^2+6xy+4y^2-(5x^3+10x^2y+10xy^2+5y^3)>0$$
$$\Leftrightarrow 4x^2+6xy+4y^2-5(x+y)(x^2+xy+y^2)>0$$
$$\Leftarrow 8x^2+12xy+8y^2-7(x^2+xy+y^2)>0$$
$$\Leftarrow x^2+5xy+y^2>0$$

引理得证.

若 $n\geqslant 3$,必有两个数的和小于$\frac{7}{10}$,这样把它们"拼"成一个数,最后拼好后,还剩两个数.所以欲求最大值,只要考虑 $x,y\geqslant 0,x+y=1$,此时

$$x^4-x^5+y^4-y^5=x^4-x^5+(1-x)^4-(1-x)^5$$
$$=x-4x^2+6x^3-3x^4$$
$$(x-4x^2+6x^3-3x^4)'=1-8x+18x^2-12x^3$$
$$=6(1-2x)\left(x-\frac{3-\sqrt{3}}{6}\right)\left(x-\frac{3+\sqrt{3}}{6}\right)$$

所以当 $x=\frac{3-\sqrt{3}}{6},y=\frac{3+\sqrt{3}}{6}$ 及其交换时,$x^4-x^5+y^4-y^5$ 取到最大值$\frac{1}{12}$.

5. (1) 如图1,第一步,先固定 x,考虑 yz 的最小值,即过 P 作直线 $l\,/\!/\,BC$,当 P 在 l 上变化时,yz 何时最小.

第二步,先证两个引理:

引理1:$x+y+z=$定值,这个定值就是正三角形的高.

引理2:设 $y\in[\alpha,\beta]$,y 的二次函数 $y(a-y)$ 在$[\alpha,\beta]$的一个端点处取得最小值.

引理1的证明用面积法,引理2的证明可用配方法(证明留给读者).

由两个引理不难得到:如果 P',P'' 为 l 上的两点,那么当 P 在区间$[P',P'']$上变动时,xyz 在端点 $P'P''$ 处取得最小值.

第三步,扩大点 P 的变化范围:

根据上面所述,当点 P 在 l 上变动时,xyz 在端点 P' 或 P'' 处为最小,这里 P',P'' 是 l 与 $\triangle RQS$ 的边界的交点,但 $\triangle RQS$ 的边不与 $\triangle ABC$ 的边平行,因而在 P 移到 $\triangle RQS$ 的边界后,不能搬用上述方法再将 P' 或 P'' 调整为 $\triangle ABC$

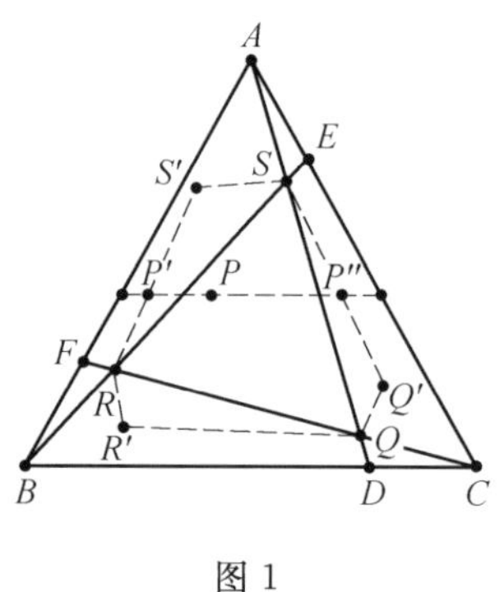

图 1

的顶点.

但是我们可以把点 P' 的变化区域由 $\triangle PQR$ 扩大为图 1 中所示的六边形 $RR'QQ'SS'$，其中 $RR' /\!/ Q'S /\!/ CA$，$R'Q /\!/ S'S /\!/ BC$，$Q'Q /\!/ RS' /\!/ AB$，也就是说：R 与 R' 关于 $\angle ABC$ 的平分线对称，S' 与 R 关于 $\angle ACB$ 的平分线对称，等等. 过 P 作平行于 BC 的直线 l，将 P 调整为 l 与六边形 $RR'QQ'SS'$ 的边界的交点 P'（或 P''），再将 P' 调整为顶点 R 或 S'，每一次调整都使 xyz 的值减小.

由于对称，xyz 在六个顶点 R,R',Q,Q',S,S' 处的值显然相等，因而命题成立.

(2) 由题易知，$\triangle ABE \cong \triangle BCF \cong \triangle CAD$，从而 $\triangle AER \cong \triangle BFQ \cong \triangle CDS$，$\triangle RQS$ 是正三角形. 由(1)，我们只考虑 S 点 x,y,z 的取值. 由于 $\triangle ASE \backsim \triangle ADC$，故 $|AS|:|SE|=4:1$，由于 $\triangle AFQ \backsim \triangle ABD$，故 $|AQ|:|QF|=4:3$. 故 $|AS|:|SQ|:|QD|=4:8:1$，又由于 $\triangle ABC$ 的高 $h=\sqrt{12}$，故可求得

$$x=\frac{1}{13}h, y=\frac{9}{13}h, z=\frac{3}{13}h, xyz=\frac{1}{13}\cdot\frac{9}{13}\cdot\frac{3}{13}\cdot(\sqrt{12})^3=\frac{648\sqrt{3}}{2\ 197}$$

第 22 章　运用不等式切线法证题

1. 由 $f(x)=\frac{3x^2-x}{1+x^2}$，$f'(x)=\frac{x^2+6x-1}{(1+x^2)^2}$，$f'\left(\frac{1}{3}\right)=\frac{9}{10}$，得到局部 $\frac{9x-3}{10}$. $f(x)-\frac{9x-3}{10}\geqslant 0 \Leftrightarrow (3x-1)^2(3-x)\geqslant 0$ 成立 $\Rightarrow f(x)+f(y)+$

$f(z) \geqslant \dfrac{9(x+y+z)-9}{10}=0.$

2. 由 $f(x)=6x^3-x^2, f'(x)=18x^2-2x, f'\left(\dfrac{1}{4}\right)=\dfrac{5}{8}$,得到局部$\dfrac{5x-1}{8}$.

$$f(x)-\frac{5x-1}{8} \geqslant 0 \Leftrightarrow (4x-1)^2(3x+1) \geqslant \text{成立}$$

$$\Rightarrow f(a)+f(b)+f(c)+f(d) \geqslant \frac{5(a+b+c+d)-4}{8}=\frac{1}{8}$$

3. 由 $f(x)=\dfrac{x^2+9}{3x^2-6x+9}, f'(x)=\dfrac{-2x^2-12x+18}{3(x^2-2x+3)}, f'(1)=\dfrac{1}{3}$ 得到局部$\dfrac{x+4}{3}$. $f(x)-\dfrac{x+4}{3} \leqslant 0 \Leftrightarrow (x-1)^2(x+3) \geqslant 0$ 成立 $\Rightarrow f(a)+f(b)+f(c) \leqslant \dfrac{(a+b+c)+12}{3}=5.$

4. 不等式齐次的,不妨设 $a+b+c=3$,原不等式 $\Leftrightarrow \sum \dfrac{4a^2-12a+9}{2a^2-6a+9} \geqslant \dfrac{3}{5} \Leftrightarrow \sum \dfrac{1}{2a^2-6a+9} \leqslant \dfrac{3}{5}.$

我们希望得到这样一个局部式

$$\frac{1}{2x^2-6x+9} \leqslant Ax+B$$

$x=1$ 时,取等 $A+B=\dfrac{1}{5} \Leftrightarrow 1 \leqslant 2Ax^3-6Ax^2+9Ax+2Bx^2-6Bx+9B \Leftrightarrow 2Ax^3+(2B-6A)x^2+(9A-6B)x+9B-1 \geqslant 0.$

我们希望这个式子含有因式$(x-1)^2$,故令 $x-1$ 是其导数的零点 $\Leftrightarrow 3A-2B=0$,解得 $A=\dfrac{2}{25}, B=\dfrac{3}{25}$,所以有$\dfrac{1}{2x^2-6x+9} \leqslant \dfrac{2}{25}x+\dfrac{3}{25} \Leftrightarrow 2(x-1)^2(2x+1) \geqslant 0$. 显然成立.

5. 原不等式是齐次的, 不妨设 $a+b+c=3$, 原不等式 $\Leftrightarrow \sum \dfrac{a^2+6a+9}{3a^2-6a+9} \leqslant 8 \Leftrightarrow \sum \dfrac{a^2+6a+9}{3a^2-6a+9} \leqslant 8 \Leftrightarrow \sum \dfrac{8a+6}{3a^2-6a+9} \leqslant 7 \Leftrightarrow \sum \dfrac{8a+6}{3(a-1)^2+6} \leqslant 7$. 注意到$\sum \dfrac{8a+6}{3(a-1)^2+6} \leqslant \sum \dfrac{8a+6}{6}=7$. 证毕.

哈尔滨工业大学出版社刘培杰数学工作室已出版(即将出版)图书目录

书　　名	出版时间	定　价	编号
新编中学数学解题方法全书(高中版)上卷	2007－09	38.00	7
新编中学数学解题方法全书(高中版)中卷	2007－09	48.00	8
新编中学数学解题方法全书(高中版)下卷(一)	2007－09	42.00	17
新编中学数学解题方法全书(高中版)下卷(二)	2007－09	38.00	18
新编中学数学解题方法全书(高中版)下卷(三)	2010－06	58.00	73
新编中学数学解题方法全书(初中版)上卷	2008－01	28.00	29
新编中学数学解题方法全书(初中版)中卷	2010－07	38.00	75
新编中学数学解题方法全书(高考复习卷)	2010－01	48.00	67
新编中学数学解题方法全书(高考真题卷)	2010－01	38.00	62
新编中学数学解题方法全书(高考精华卷)	2011－03	68.00	118
新编平面解析几何解题方法全书(专题讲座卷)	2010－01	18.00	61
新编中学数学解题方法全书(自主招生卷)	2013－08	88.00	261
数学眼光透视	2008－01	38.00	24
数学思想领悟	2008－01	38.00	25
数学应用展观	2008－01	38.00	26
数学建模导引	2008－01	28.00	23
数学方法溯源	2008－01	38.00	27
数学史话览胜	2017－01	48.00	741
数学思维技术	2013－09	38.00	260
从毕达哥拉斯到怀尔斯	2007－10	48.00	9
从迪利克雷到维斯卡尔迪	2008－01	48.00	21
从哥德巴赫到陈景润	2008－05	98.00	35
从庞加莱到佩雷尔曼	2011－08	138.00	136
数学奥林匹克与数学文化(第一辑)	2006－05	48.00	4
数学奥林匹克与数学文化(第二辑)(竞赛卷)	2008－01	48.00	19
数学奥林匹克与数学文化(第二辑)(文化卷)	2008－07	58.00	36′
数学奥林匹克与数学文化(第三辑)(竞赛卷)	2010－01	48.00	59
数学奥林匹克与数学文化(第四辑)(竞赛卷)	2011－08	58.00	87
数学奥林匹克与数学文化(第五辑)	2015－06	98.00	370

哈尔滨工业大学出版社刘培杰数学工作室已出版(即将出版)图书目录

书　　名	出版时间	定　价	编号
世界著名平面几何经典著作钩沉——几何作图专题卷(上)	2009—06	48.00	49
世界著名平面几何经典著作钩沉——几何作图专题卷(下)	2011—01	88.00	80
世界著名平面几何经典著作钩沉(民国平面几何老课本)	2011—03	38.00	113
世界著名平面几何经典著作钩沉(建国初期平面三角老课本)	2015—08	38.00	507
世界著名解析几何经典著作钩沉——平面解析几何卷	2014—01	38.00	264
世界著名数论经典著作钩沉(算术卷)	2012—01	28.00	125
世界著名数学经典著作钩沉——立体几何卷	2011—02	28.00	88
世界著名三角学经典著作钩沉(平面三角卷Ⅰ)	2010—06	28.00	69
世界著名三角学经典著作钩沉(平面三角卷Ⅱ)	2011—01	38.00	78
世界著名初等数论经典著作钩沉(理论和实用算术卷)	2011—07	38.00	126

书　　名	出版时间	定　价	编号
发展空间想象力	2010—01	38.00	57
走向国际数学奥林匹克的平面几何试题诠释(上、下)(第1版)	2007—01	68.00	11,12
走向国际数学奥林匹克的平面几何试题诠释(上、下)(第2版)	2010—02	98.00	63,64
平面几何证明方法全书	2007—08	35.00	1
平面几何证明方法全书习题解答(第1版)	2005—10	18.00	2
平面几何证明方法全书习题解答(第2版)	2006—12	18.00	10
平面几何天天练上卷·基础篇(直线型)	2013—01	58.00	208
平面几何天天练中卷·基础篇(涉及圆)	2013—01	28.00	234
平面几何天天练下卷·提高篇	2013—01	58.00	237
平面几何专题研究	2013—07	98.00	258
最新世界各国数学奥林匹克中的平面几何试题	2007—09	38.00	14
数学竞赛平面几何典型题及新颖解	2010—07	48.00	74
初等数学复习及研究(平面几何)	2008—09	58.00	38
初等数学复习及研究(立体几何)	2010—06	38.00	71
初等数学复习及研究(平面几何)习题解答	2009—01	48.00	42
几何学教程(平面几何卷)	2011—03	68.00	90
几何学教程(立体几何卷)	2011—07	68.00	130
几何变换与几何证题	2010—06	88.00	70
计算方法与几何证题	2011—06	28.00	129
立体几何技巧与方法	2014—04	88.00	293
几何瑰宝——平面几何500名题暨1000条定理(上、下)	2010—07	138.00	76,77
三角形的解法与应用	2012—07	18.00	183
近代的三角形几何学	2012—07	48.00	184
一般折线几何学	2015—08	48.00	503
三角形的五心	2009—06	28.00	51
三角形的六心及其应用	2015—10	68.00	542
三角形趣谈	2012—08	28.00	212
解三角形	2014—01	28.00	265
三角学专门教程	2014—09	28.00	387
距离几何分析导引	2015—02	68.00	446
图天下几何新题试卷.初中	2017—01	58.00	714

哈尔滨工业大学出版社刘培杰数学工作室已出版(即将出版)图书目录

书　　名	出版时间	定　价	编号
圆锥曲线习题集(上册)	2013－06	68.00	255
圆锥曲线习题集(中册)	2015－01	78.00	434
圆锥曲线习题集(下册・第1卷)	2016－10	78.00	683
论九点圆	2015－05	88.00	645
近代欧氏几何学	2012－03	48.00	162
罗巴切夫斯基几何学及几何基础概要	2012－07	28.00	188
罗巴切夫斯基几何学初步	2015－06	28.00	474
用三角、解析几何、复数、向量计算解数学竞赛几何题	2015－03	48.00	455
美国中学几何教程	2015－04	88.00	458
三线坐标与三角形特征点	2015－04	98.00	460
平面解析几何方法与研究(第1卷)	2015－05	18.00	471
平面解析几何方法与研究(第2卷)	2015－06	18.00	472
平面解析几何方法与研究(第3卷)	2015－07	18.00	473
解析几何研究	2015－01	38.00	425
解析几何学教程.上	2016－01	38.00	574
解析几何学教程.下	2016－01	38.00	575
几何学基础	2016－01	58.00	581
初等几何研究	2015－02	58.00	444
大学几何学	2017－01	78.00	688
关于曲面的一般研究	2016－11	48.00	690
十九和二十世纪欧氏几何学中的片段	2017－01	58.00	696
近世纯粹几何学初论	2017－01	58.00	711
俄罗斯平面几何问题集	2009－08	88.00	55
俄罗斯立体几何问题集	2014－03	58.00	283
俄罗斯几何大师——沙雷金论数学及其他	2014－01	48.00	271
来自俄罗斯的5000道几何习题及解答	2011－03	58.00	89
俄罗斯初等数学问题集	2012－05	38.00	177
俄罗斯函数问题集	2011－03	38.00	103
俄罗斯组合分析问题集	2011－01	48.00	79
俄罗斯初等数学万题选——三角卷	2012－11	38.00	222
俄罗斯初等数学万题选——代数卷	2013－08	68.00	225
俄罗斯初等数学万题选——几何卷	2014－01	68.00	226
463个俄罗斯几何老问题	2012－01	28.00	152
超越吉米多维奇.数列的极限	2009－11	48.00	58
超越普里瓦洛夫.留数卷	2015－01	28.00	437
超越普里瓦洛夫.无穷乘积与它对解析函数的应用卷	2015－05	28.00	477
超越普里瓦洛夫.积分卷	2015－06	18.00	481
超越普里瓦洛夫.基础知识卷	2015－06	28.00	482
超越普里瓦洛夫.数项级数卷	2015－07	38.00	489
初等数论难题集(第一卷)	2009－05	68.00	44
初等数论难题集(第二卷)(上、下)	2011－02	128.00	82,83
数论概貌	2011－03	18.00	93
代数数论(第二版)	2013－08	58.00	94
代数多项式	2014－06	38.00	289
初等数论的知识与问题	2011－02	28.00	95
超越数论基础	2011－03	28.00	96
数论初等教程	2011－03	28.00	97
数论基础	2011－03	18.00	98
数论基础与维诺格拉多夫	2014－03	18.00	292

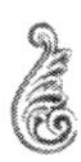

哈尔滨工业大学出版社刘培杰数学工作室已出版(即将出版)图书目录

书　　名	出版时间	定　价	编号
解析数论基础	2012－08	28.00	216
解析数论基础(第二版)	2014－01	48.00	287
解析数论问题集(第二版)(原版引进)	2014－05	88.00	343
解析数论问题集(第二版)(中译本)	2016－04	88.00	607
解析数论基础(潘承洞,潘承彪著)	2016－07	98.00	673
解析数论导引	2016－07	58.00	674
数论入门	2011－03	38.00	99
代数数论入门	2015－03	38.00	448
数论开篇	2012－07	28.00	194
解析数论引论	2011－03	48.00	100
Barban Davenport Halberstam 均值和	2009－01	40.00	33
基础数论	2011－03	28.00	101
初等数论 100 例	2011－05	18.00	122
初等数论经典例题	2012－07	18.00	204
最新世界各国数学奥林匹克中的初等数论试题(上、下)	2012－01	138.00	144,145
初等数论(Ⅰ)	2012－01	18.00	156
初等数论(Ⅱ)	2012－01	18.00	157
初等数论(Ⅲ)	2012－01	28.00	158
平面几何与数论中未解决的新老问题	2013－01	68.00	229
代数数论简史	2014－11	28.00	408
代数数论	2015－09	88.00	532
代数、数论及分析习题集	2016－11	98.00	695
数论导引提要及习题解答	2016－01	48.00	559
素数定理的初等证明.第 2 版	2016－09	48.00	686
谈谈素数	2011－03	18.00	91
平方和	2011－03	18.00	92
复变函数引论	2013－10	68.00	269
伸缩变换与抛物旋转	2015－01	38.00	449
无穷分析引论(上)	2013－04	88.00	247
无穷分析引论(下)	2013－04	98.00	245
数学分析	2014－04	28.00	338
数学分析中的一个新方法及其应用	2013－01	38.00	231
数学分析例选:通过范例学技巧	2013－01	88.00	243
高等代数例选:通过范例学技巧	2015－06	88.00	475
三角级数论(上册)(陈建功)	2013－01	38.00	232
三角级数论(下册)(陈建功)	2013－01	48.00	233
三角级数论(哈代)	2013－06	48.00	254
三角级数	2015－07	28.00	263
超越数	2011－03	18.00	109
三角和方法	2011－03	18.00	112
整数论	2011－05	38.00	120
从整数谈起	2015－10	28.00	538
随机过程(Ⅰ)	2014－01	78.00	224
随机过程(Ⅱ)	2014－01	68.00	235
算术探索	2011－12	158.00	148
组合数学	2012－04	28.00	178
组合数学浅谈	2012－03	28.00	159
丢番图方程引论	2012－03	48.00	172
拉普拉斯变换及其应用	2015－02	38.00	447
高等代数.上	2016－01	38.00	548
高等代数.下	2016－01	38.00	549

哈尔滨工业大学出版社刘培杰数学工作室已出版(即将出版)图书目录

书　　名	出版时间	定　价	编号
高等代数教程	2016-01	58.00	579
数学解析教程.上卷.1	2016-01	58.00	546
数学解析教程.上卷.2	2016-01	38.00	553
函数构造论.上	2016-01	38.00	554
函数构造论.中	即将出版		555
函数构造论.下	2016-09	48.00	680
数与多项式	2016-01	38.00	558
概周期函数	2016-01	48.00	572
变叙的项的极限分布律	2016-01	18.00	573
整函数	2012-08	18.00	161
近代拓扑学研究	2013-04	38.00	239
多项式和无理数	2008-01	68.00	22
模糊数据统计学	2008-03	48.00	31
模糊分析学与特殊泛函空间	2013-01	68.00	241
谈谈不定方程	2011-05	28.00	119
常微分方程	2016-01	58.00	586
平稳随机函数导论	2016-03	48.00	587
量子力学原理·上	2016-01	38.00	588
图与矩阵	2014-08	40.00	644
钢丝绳原理:第二版	2017-01	78.00	745
受控理论与解析不等式	2012-05	78.00	165
解析不等式新论	2009-06	68.00	48
建立不等式的方法	2011-03	98.00	104
数学奥林匹克不等式研究	2009-08	68.00	56
不等式研究(第二辑)	2012-02	68.00	153
不等式的秘密(第一卷)	2012-02	28.00	154
不等式的秘密(第一卷)(第2版)	2014-02	38.00	286
不等式的秘密(第二卷)	2014-01	38.00	268
初等不等式的证明方法	2010-06	38.00	123
初等不等式的证明方法(第二版)	2014-11	38.00	407
不等式·理论·方法(基础卷)	2015-07	38.00	496
不等式·理论·方法(经典不等式卷)	2015-07	38.00	497
不等式·理论·方法(特殊类型不等式卷)	2015-07	48.00	498
不等式的分拆降维降幂方法与可读证明	2016-01	68.00	591
不等式探究	2016-03	38.00	582
不等式探密	2017-01	58.00	689
四面体不等式	2017-01	68.00	715
同余理论	2012-05	38.00	163
[x]与{x}	2015-04	48.00	476
极值与最值.上卷	2015-06	28.00	486
极值与最值.中卷	2015-06	38.00	487
极值与最值.下卷	2015-06	28.00	488
整数的性质	2012-11	38.00	192
完全平方数及其应用	2015-08	78.00	506
多项式理论	2015-10	88.00	541
历届美国中学生数学竞赛试题及解答(第一卷)1950-1954	2014-07	18.00	277
历届美国中学生数学竞赛试题及解答(第二卷)1955-1959	2014-04	18.00	278
历届美国中学生数学竞赛试题及解答(第三卷)1960-1964	2014-06	18.00	279
历届美国中学生数学竞赛试题及解答(第四卷)1965-1969	2014-04	28.00	280
历届美国中学生数学竞赛试题及解答(第五卷)1970-1972	2014-06	18.00	281
历届美国中学生数学竞赛试题及解答(第七卷)1981-1986	2015-01	18.00	424

哈尔滨工业大学出版社刘培杰数学工作室已出版(即将出版)图书目录

书　　名	出版时间	定　价	编号
历届 IMO 试题集(1959—2005)	2006—05	58.00	5
历届 CMO 试题集	2008—09	28.00	40
历届中国数学奥林匹克试题集	2014—10	38.00	394
历届加拿大数学奥林匹克试题集	2012—08	38.00	215
历届美国数学奥林匹克试题集:多解推广加强	2012—08	38.00	209
历届美国数学奥林匹克试题集:多解推广加强(第 2 版)	2016—03	48.00	592
历届波兰数学竞赛试题集.第 1 卷,1949～1963	2015—03	18.00	453
历届波兰数学竞赛试题集.第 2 卷,1964～1976	2015—03	18.00	454
历届巴尔干数学奥林匹克试题集	2015—05	38.00	466
保加利亚数学奥林匹克	2014—10	38.00	393
圣彼得堡数学奥林匹克试题集	2015—01	38.00	429
匈牙利奥林匹克数学竞赛题解.第 1 卷	2016—05	28.00	593
匈牙利奥林匹克数学竞赛题解.第 2 卷	2016—05	28.00	594
历届国际大学生数学竞赛试题集(1994—2010)	2012—01	28.00	143
全国大学生数学夏令营数学竞赛试题及解答	2007—03	28.00	15
全国大学生数学竞赛辅导教程	2012—07	28.00	189
全国大学生数学竞赛复习全书	2014—04	48.00	340
历届美国大学生数学竞赛试题集	2009—03	88.00	43
前苏联大学生数学奥林匹克竞赛题解(上编)	2012—04	28.00	169
前苏联大学生数学奥林匹克竞赛题解(下编)	2012—04	38.00	170
历届美国数学邀请赛试题集	2014—01	48.00	270
全国高中数学竞赛试题及解答.第 1 卷	2014—07	38.00	331
大学生数学竞赛讲义	2014—09	28.00	371
普林斯顿大学数学竞赛	2016—06	38.00	669
亚太地区数学奥林匹克竞赛题	2015—07	18.00	492
日本历届(初级)广中杯数学竞赛试题及解答.第 1 卷(2000～2007)	2016—05	28.00	641
日本历届(初级)广中杯数学竞赛试题及解答.第 2 卷(2008～2015)	2016—05	38.00	642
360 个数学竞赛问题	2016—08	58.00	677
哈尔滨市早期中学数学竞赛试题汇编	2016—07	28.00	672
全国高中数学联赛试题及解答:1981—2015	2016—08	98.00	676
高考数学临门一脚(含密押三套卷)(理科版)	2017—01	45.00	743
高考数学临门一脚(含密押三套卷)(文科版)	2017—01	45.00	744
新课标高考数学题型全归纳(文科版)	2015—05	72.00	467
新课标高考数学题型全归纳(理科版)	2015—05	82.00	468
洞穿高考数学解答题核心考点(理科版)	2015—11	49.80	550
洞穿高考数学解答题核心考点(文科版)	2015—11	46.80	551
高考数学题型全归纳:文科版.上	2016—05	53.00	663
高考数学题型全归纳:文科版.下	2016—05	53.00	664
高考数学题型全归纳:理科版.上	2016—05	58.00	665
高考数学题型全归纳:理科版.下	2016—05	58.00	666
王连笑教你怎样学数学:高考选择题解题策略与客观题实用训练	2014—01	48.00	262
王连笑教你怎样学数学:高考数学高层次讲座	2015—02	48.00	432
高考数学的理论与实践	2009—08	38.00	53
高考数学核心题型解题方法与技巧	2010—01	28.00	86
高考思维新平台	2014—03	38.00	259
30 分钟拿下高考数学选择题、填空题(理科版)	2016—10	39.80	720
30 分钟拿下高考数学选择题、填空题(文科版)	2016—10	39.80	721
高考数学压轴题解题诀窍(上)	2012—02	78.00	166
高考数学压轴题解题诀窍(下)	2012—03	28.00	167
北京市五区文科数学三年高考模拟题详解:2013～2015	2015—08	48.00	500
北京市五区理科数学三年高考模拟题详解:2013～2015	2015—09	68.00	505

哈尔滨工业大学出版社刘培杰数学工作室已出版(即将出版)图书目录

书　　名	出版时间	定　价	编号
向量法巧解数学高考题	2009-08	28.00	54
高考数学万能解题法(第2版)	即将出版	38.00	691
高考物理万能解题法(第2版)	即将出版	38.00	692
高考化学万能解题法(第2版)	即将出版	28.00	693
高考生物万能解题法(第2版)	即将出版	28.00	694
高考数学解题金典(第2版)	2017-01	78.00	716
高考物理解题金典(第2版)	即将出版	68.00	717
高考化学解题金典(第2版)	即将出版	58.00	718
我一定要赚分:高中物理	2016-01	38.00	580
数学高考参考	2016-01	78.00	589
2011～2015年全国及各省市高考数学文科精品试题审题要津与解法研究	2015-10	68.00	539
2011～2015年全国及各省市高考数学理科精品试题审题要津与解法研究	2015-10	88.00	540
最新全国及各省市高考数学试卷解法研究及点拨评析	2009-02	38.00	41
2011年全国及各省市高考数学试题审题要津与解法研究	2011-10	48.00	139
2013年全国及各省市高考数学试题解析与点评	2014-01	48.00	282
全国及各省市高考数学试题审题要津与解法研究	2015-02	48.00	450
新课标高考数学——五年试题分章详解(2007～2011)(上、下)	2011-10	78.00	140,141
全国中考数学压轴题审题要津与解法研究	2013-04	78.00	248
新编全国及各省市中考数学压轴题审题要津与解法研究	2014-05	58.00	342
全国及各省市5年中考数学压轴题审题要津与解法研究(2015版)	2015-04	58.00	462
中考数学专题总复习	2007-04	28.00	6
中考数学较难题、难题常考题型解题方法与技巧.上	2016-01	48.00	584
中考数学较难题、难题常考题型解题方法与技巧.下	2016-01	58.00	585
中考数学较难题常考题型解题方法与技巧	2016-09	48.00	681
中考数学难题常考题型解题方法与技巧	2016-09	48.00	682
北京中考数学压轴题解题方法突破	2016-03	38.00	597
助你高考成功的数学解题智慧:知识是智慧的基础	2016-01	58.00	596
助你高考成功的数学解题智慧:错误是智慧的试金石	2016-04	58.00	643
助你高考成功的数学解题智慧:方法是智慧的推手	2016-04	68.00	657
高考数学奇思妙解	2016-04	38.00	610
高考数学解题策略	2016-05	48.00	670
数学解题泄天机	2016-06	48.00	668

书　　名	出版时间	定　价	编号
新编640个世界著名数学智力趣题	2014-01	88.00	242
500个最新世界著名数学智力趣题	2008-06	48.00	3
400个最新世界著名数学最值问题	2008-09	48.00	36
500个世界著名数学征解问题	2009-06	48.00	52
400个中国最佳初等数学征解老问题	2010-01	48.00	60
500个俄罗斯数学经典老题	2011-01	28.00	81
1000个国外中学物理好题	2012-04	48.00	174
300个日本高考数学题	2012-05	38.00	142
500个前苏联早期高考数学试题及解答	2012-05	28.00	185
546个早期俄罗斯大学生数学竞赛题	2014-03	38.00	285
548个来自美苏的数学好问题	2014-11	28.00	396
20所苏联著名大学早期入学试题	2015-02	18.00	452
161道德国工科大学生必做的微分方程习题	2015-05	28.00	469
500个德国工科大学生必做的高数习题	2015-06	28.00	478
360个数学竞赛问题	2016-08	58.00	677
德国讲义日本考题.微积分卷	2015-04	48.00	456
德国讲义日本考题.微分方程卷	2015-04	38.00	457

哈尔滨工业大学出版社刘培杰数学工作室已出版(即将出版)图书目录

书　　名	出版时间	定　价	编号
中国初等数学研究　2009 卷(第 1 辑)	2009—05	20.00	45
中国初等数学研究　2010 卷(第 2 辑)	2010—05	30.00	68
中国初等数学研究　2011 卷(第 3 辑)	2011—07	60.00	127
中国初等数学研究　2012 卷(第 4 辑)	2012—07	48.00	190
中国初等数学研究　2014 卷(第 5 辑)	2014—02	48.00	288
中国初等数学研究　2015 卷(第 6 辑)	2015—06	68.00	493
中国初等数学研究　2016 卷(第 7 辑)	2016—04	68.00	609
中国初等数学研究　2017 卷(第 8 辑)	2017—01	98.00	712
几何变换(Ⅰ)	2014—07	28.00	353
几何变换(Ⅱ)	2015—06	28.00	354
几何变换(Ⅲ)	2015—01	38.00	355
几何变换(Ⅳ)	2015—12	38.00	356
博弈论精粹	2008—03	58.00	30
博弈论精粹.第二版(精装)	2015—01	88.00	461
数学 我爱你	2008—01	28.00	20
精神的圣徒　别样的人生——60 位中国数学家成长的历程	2008—09	48.00	39
数学史概论	2009—06	78.00	50
数学史概论(精装)	2013—03	158.00	272
数学史选讲	2016—01	48.00	544
斐波那契数列	2010—02	28.00	65
数学拼盘和斐波那契魔方	2010—07	38.00	72
斐波那契数列欣赏	2011—01	28.00	160
数学的创造	2011—02	48.00	85
数学美与创造力	2016—01	48.00	595
数海拾贝	2016—01	48.00	590
数学中的美	2011—02	38.00	84
数论中的美学	2014—12	38.00	351
数学王者　科学巨人——高斯	2015—01	28.00	428
振兴祖国数学的圆梦之旅:中国初等数学研究史话	2015—06	78.00	490
二十世纪中国数学史料研究	2015—10	48.00	536
数字谜、数阵图与棋盘覆盖	2016—01	58.00	298
时间的形状	2016—01	38.00	556
数学发现的艺术:数学探索中的合情推理	2016—07	58.00	671
活跃在数学中的参数	2016—07	48.00	675
数学解题——靠数学思想给力(上)	2011—07	38.00	131
数学解题——靠数学思想给力(中)	2011—07	48.00	132
数学解题——靠数学思想给力(下)	2011—07	38.00	133
我怎样解题	2013—01	48.00	227
数学解题中的物理方法	2011—06	28.00	114
数学解题的特殊方法	2011—06	48.00	115
中学数学计算技巧	2012—01	48.00	116
中学数学证明方法	2012—01	58.00	117
数学趣题巧解	2012—03	28.00	128
高中数学教学通鉴	2015—05	58.00	479
和高中生漫谈:数学与哲学的故事	2014—08	28.00	369
自主招生考试中的参数方程问题	2015—01	28.00	435
自主招生考试中的极坐标问题	2015—04	28.00	463
近年全国重点大学自主招生数学试题全解及研究.华约卷	2015—02	38.00	441
近年全国重点大学自主招生数学试题全解及研究.北约卷	2016—05	38.00	619
自主招生数学解证宝典	2015—09	48.00	535

哈尔滨工业大学出版社刘培杰数学工作室已出版(即将出版)图书目录

书　名	出版时间	定　价	编号
格点和面积	2012－07	18.00	191
射影几何趣谈	2012－04	28.00	175
斯潘纳尔引理——从一道加拿大数学奥林匹克试题谈起	2014－01	28.00	228
李普希兹条件——从几道近年高考数学试题谈起	2012－10	18.00	221
拉格朗日中值定理——从一道北京高考试题的解法谈起	2015－10	18.00	197
闵科夫斯基定理——从一道清华大学自主招生试题谈起	2014－01	28.00	198
哈尔测度——从一道冬令营试题的背景谈起	2012－08	28.00	202
切比雪夫逼近问题——从一道中国台北数学奥林匹克试题谈起	2013－04	38.00	238
伯恩斯坦多项式与贝齐尔曲面——从一道全国高中数学联赛试题谈起	2013－03	38.00	236
卡塔兰猜想——从一道普特南竞赛试题谈起	2013－06	18.00	256
麦卡锡函数和阿克曼函数——从一道前南斯拉夫数学奥林匹克试题谈起	2012－08	18.00	201
贝蒂定理与拉姆贝克莫斯尔定理——从一个拣石子游戏谈起	2012－08	18.00	217
皮亚诺曲线和豪斯道夫分球定理——从无限集谈起	2012－08	18.00	211
平面凸图形与凸多面体	2012－10	28.00	218
斯坦因豪斯问题——从一道二十五省市自治区中学数学竞赛试题谈起	2012－07	18.00	196
纽结理论中的亚历山大多项式与琼斯多项式——从一道北京市高一数学竞赛试题谈起	2012－07	28.00	195
原则与策略——从波利亚“解题表”谈起	2013－04	38.00	244
转化与化归——从三大尺规作图不能问题谈起	2012－08	28.00	214
代数几何中的贝祖定理(第一版)——从一道 IMO 试题的解法谈起	2013－08	18.00	193
成功连贯理论与约当块理论——从一道比利时数学竞赛试题谈起	2012－04	18.00	180
素数判定与大数分解	2014－08	18.00	199
置换多项式及其应用	2012－10	18.00	220
椭圆函数与模函数——从一道美国加州大学洛杉矶分校(UCLA)博士资格考题谈起	2012－10	28.00	219
差分方程的拉格朗日方法——从一道 2011 年全国高考理科试题的解法谈起	2012－08	28.00	200
力学在几何中的一些应用	2013－01	38.00	240
高斯散度定理、斯托克斯定理和平面格林定理——从一道国际大学生数学竞赛试题谈起	即将出版		
康托洛维奇不等式——从一道全国高中联赛试题谈起	2013－03	28.00	337
西格尔引理——从一道第 18 届 IMO 试题的解法谈起	即将出版		
罗斯定理——从一道前苏联数学竞赛试题谈起	即将出版		
拉克斯定理和阿廷定理——从一道 IMO 试题的解法谈起	2014－01	58.00	246
毕卡大定理——从一道美国大学数学竞赛试题谈起	2014－07	18.00	350
贝齐尔曲线——从一道全国高中联赛试题谈起	即将出版		
拉格朗日乘子定理——从一道 2005 年全国高中联赛试题的高等数学解法谈起	2015－05	28.00	480
雅可比定理——从一道日本数学奥林匹克试题谈起	2013－04	48.00	249
李天岩－约克定理——从一道波兰数学竞赛试题谈起	2014－06	28.00	349
整系数多项式因式分解的一般方法——从克朗耐克算法谈起	即将出版		
布劳维不动点定理——从一道前苏联数学奥林匹克试题谈起	2014－01	38.00	273
伯恩赛德定理——从一道英国数学奥林匹克试题谈起	即将出版		
布查特－莫斯特定理——从一道上海市初中竞赛试题谈起	即将出版		

哈尔滨工业大学出版社刘培杰数学工作室已出版(即将出版)图书目录

书　名	出版时间	定　价	编号
数论中的同余数问题——从一道普特南竞赛试题谈起	即将出版		
范·德蒙行列式——从一道美国数学奥林匹克试题谈起	即将出版		
中国剩余定理:总数法构建中国历史年表	2015—01	28.00	430
牛顿程序与方程求根——从一道全国高考试题解法谈起	即将出版		
库默尔定理——从一道 IMO 预选试题谈起	即将出版		
卢丁定理——从一道冬令营试题的解法谈起	即将出版		
沃斯滕霍姆定理——从一道 IMO 预选试题谈起	即将出版		
卡尔松不等式——从一道莫斯科数学奥林匹克试题谈起	即将出版		
信息论中的香农熵——从一道近年高考压轴题谈起	即将出版		
约当不等式——从一道希望杯竞赛试题谈起	即将出版		
拉比诺维奇定理	即将出版		
刘维尔定理——从一道《美国数学月刊》征解问题的解法谈起	即将出版		
卡塔兰恒等式与级数求和——从一道 IMO 试题的解法谈起	即将出版		
勒让德猜想与素数分布——从一道爱尔兰竞赛试题谈起	即将出版		
天平称重与信息论——从一道基辅市数学奥林匹克试题谈起	即将出版		
哈密尔顿—凯莱定理:从一道高中数学联赛试题的解法谈起	2014—09	18.00	376
艾思特曼定理——从一道 CMO 试题的解法谈起	即将出版		
一个爱尔特希问题——从一道西德数学奥林匹克试题谈起	即将出版		
有限群中的爱丁格尔问题——从一道北京市初中二年级数学竞赛试题谈起	即将出版		
贝克码与编码理论——从一道全国高中联赛试题谈起	即将出版		
帕斯卡三角形	2014—03	18.00	294
蒲丰投针问题——从 2009 年清华大学的一道自主招生试题谈起	2014—01	38.00	295
斯图姆定理——从一道“华约”自主招生试题的解法谈起	2014—01	18.00	296
许瓦兹引理——从一道加利福尼亚大学伯克利分校数学系博士生试题谈起	2014—08	18.00	297
拉姆塞定理——从王诗宬院士的一个问题谈起	2016—04	48.00	299
坐标法	2013—12	28.00	332
数论三角形	2014—04	38.00	341
毕克定理	2014—07	18.00	352
数林掠影	2014—09	48.00	389
我们周围的概率	2014—10	38.00	390
凸函数最值定理:从一道华约自主招生题的解法谈起	2014—10	28.00	391
易学与数学奥林匹克	2014—10	38.00	392
生物数学趣谈	2015—01	18.00	409
反演	2015—01	28.00	420
因式分解与圆锥曲线	2015—01	18.00	426
轨迹	2015—01	28.00	427
面积原理:从常庚哲命的一道 CMO 试题的积分解法谈起	2015—01	48.00	431
形形色色的不动点定理:从一道 28 届 IMO 试题谈起	2015—01	38.00	439
柯西函数方程:从一道上海交大自主招生的试题谈起	2015—02	28.00	440
三角恒等式	2015—02	28.00	442
无理性判定:从一道 2014 年“北约”自主招生试题谈起	2015—01	38.00	443
数学归纳法	2015—03	18.00	451
极端原理与解题	2015—04	28.00	464
法雷级数	2014—08	18.00	367
摆线族	2015—01	38.00	438
函数方程及其解法	2015—05	38.00	470
含参数的方程和不等式	2012—09	28.00	213
希尔伯特第十问题	2016—01	38.00	543
无穷小量的求和	2016—01	28.00	545
切比雪夫多项式:从一道清华大学金秋营试题谈起	2016—01	38.00	583

哈尔滨工业大学出版社刘培杰数学工作室已出版(即将出版)图书目录

书　　名	出版时间	定　价	编号
泽肯多夫定理	2016－03	38.00	599
代数等式证题法	2016－01	28.00	600
三角等式证题法	2016－01	28.00	601
吴大任教授藏书中的一个因式分解公式:从一道美国数学邀请赛试题的解法谈起	2016－06	28.00	656

书　　名	出版时间	定　价	编号
中等数学英语阅读文选	2006－12	38.00	13
统计学专业英语	2007－03	28.00	16
统计学专业英语(第二版)	2012－07	48.00	176
统计学专业英语(第三版)	2015－04	68.00	465
幻方和魔方(第一卷)	2012－05	68.00	173
尘封的经典——初等数学经典文献选读(第一卷)	2012－07	48.00	205
尘封的经典——初等数学经典文献选读(第二卷)	2012－07	38.00	206
代换分析:英文	2015－07	38.00	499

书　　名	出版时间	定　价	编号
实变函数论	2012－06	78.00	181
复变函数论	2015－08	38.00	504
非光滑优化及其变分分析	2014－01	48.00	230
疏散的马尔科夫链	2014－01	58.00	266
马尔科夫过程论基础	2015－01	28.00	433
初等微分拓扑学	2012－07	18.00	182
方程式论	2011－03	38.00	105
初级方程式论	2011－03	28.00	106
Galois 理论	2011－03	18.00	107
古典数学难题与伽罗瓦理论	2012－11	58.00	223
伽罗华与群论	2014－01	28.00	290
代数方程的根式解及伽罗瓦理论	2011－03	28.00	108
代数方程的根式解及伽罗瓦理论(第二版)	2015－01	28.00	423
线性偏微分方程讲义	2011－03	18.00	110
几类微分方程数值方法的研究	2015－05	38.00	485
N 体问题的周期解	2011－03	28.00	111
代数方程式论	2011－05	18.00	121
线性代数与几何:英文	2016－06	58.00	578
动力系统的不变量与函数方程	2011－07	48.00	137
基于短语评价的翻译知识获取	2012－02	48.00	168
应用随机过程	2012－04	48.00	187
概率论导引	2012－04	18.00	179
矩阵论(上)	2013－06	58.00	250
矩阵论(下)	2013－06	48.00	251
对称锥互补问题的内点法:理论分析与算法实现	2014－08	68.00	368
抽象代数:方法导引	2013－06	38.00	257
集论	2016－01	48.00	576
多项式理论研究综述	2016－01	38.00	577
函数论	2014－11	78.00	395
反问题的计算方法及应用	2011－11	28.00	147
初等数学研究(Ⅰ)	2008－09	68.00	37
初等数学研究(Ⅱ)(上、下)	2009－05	118.00	46,47
数阵及其应用	2012－02	28.00	164
绝对值方程—折边与组合图形的解析研究	2012－07	48.00	186
代数函数论(上)	2015－07	38.00	494
代数函数论(下)	2015－07	38.00	495
偏微分方程论:法文	2015－10	48.00	533
时标动力学方程的指数型二分性与周期解	2016－04	48.00	606
重刚体绕不动点运动方程的积分法	2016－05	68.00	608
水轮机水力稳定性	2016－05	48.00	620
Lévy 噪音驱动的传染病模型的动力学行为	2016－05	48.00	667
铣加工动力学系统稳定性研究的数学方法	2016－11	28.00	710

哈尔滨工业大学出版社刘培杰数学工作室已出版(即将出版)图书目录

书　　名	出版时间	定　价	编号
趣味初等方程妙题集锦	2014-09	48.00	388
趣味初等数论选美与欣赏	2015-02	48.00	445
耕读笔记(上卷):一位农民数学爱好者的初数探索	2015-04	28.00	459
耕读笔记(中卷):一位农民数学爱好者的初数探索	2015-05	28.00	483
耕读笔记(下卷):一位农民数学爱好者的初数探索	2015-05	28.00	484
几何不等式研究与欣赏.上卷	2016-01	88.00	547
几何不等式研究与欣赏.下卷	2016-01	48.00	552
初等数列研究与欣赏・上	2016-01	48.00	570
初等数列研究与欣赏・下	2016-01	48.00	571
趣味初等函数研究与欣赏.上	2016-09	48.00	684
趣味初等函数研究与欣赏.下	即将出版		685
火柴游戏	2016-05	38.00	612
异曲同工	即将出版		613
智力解谜	即将出版		614
故事智力	2016-07	48.00	615
名人们喜欢的智力问题	即将出版		616
数学大师的发现、创造与失误	即将出版		617
数学的味道	即将出版		618
数贝偶拾——高考数学题研究	2014-04	28.00	274
数贝偶拾——初等数学研究	2014-04	38.00	275
数贝偶拾——奥数题研究	2014-04	48.00	276
集合、函数与方程	2014-01	28.00	300
数列与不等式	2014-01	38.00	301
三角与平面向量	2014-01	28.00	302
平面解析几何	2014-01	38.00	303
立体几何与组合	2014-01	28.00	304
极限与导数、数学归纳法	2014-01	38.00	305
趣味数学	2014-03	28.00	306
教材教法	2014-04	68.00	307
自主招生	2014-05	58.00	308
高考压轴题(上)	2015-01	48.00	309
高考压轴题(下)	2014-10	68.00	310
从费马到怀尔斯——费马大定理的历史	2013-10	198.00	Ⅰ
从庞加莱到佩雷尔曼——庞加莱猜想的历史	2013-10	298.00	Ⅱ
从切比雪夫到爱尔特希(上)——素数定理的初等证明	2013-07	48.00	Ⅲ
从切比雪夫到爱尔特希(下)——素数定理100年	2012-12	98.00	Ⅲ
从高斯到盖尔方特——二次域的高斯猜想	2013-10	198.00	Ⅳ
从库默尔到朗兰兹——朗兰兹猜想的历史	2014-01	98.00	Ⅴ
从比勃巴赫到德布朗斯——比勃巴赫猜想的历史	2014-02	298.00	Ⅵ
从麦比乌斯到陈省身——麦比乌斯变换与麦比乌斯带	2014-02	298.00	Ⅶ
从布尔到豪斯道夫——布尔方程与格论漫谈	2013-10	198.00	Ⅷ
从开普勒到阿诺德——三体问题的历史	2014-05	298.00	Ⅸ
从华林到华罗庚——华林问题的历史	2013-10	298.00	Ⅹ

哈尔滨工业大学出版社刘培杰数学工作室已出版(即将出版)图书目录

书　　名	出版时间	定　价	编号
吴振奎高等数学解题真经(概率统计卷)	2012－01	38.00	149
吴振奎高等数学解题真经(微积分卷)	2012－01	68.00	150
吴振奎高等数学解题真经(线性代数卷)	2012－01	58.00	151
钱昌本教你快乐学数学(上)	2011－12	48.00	155
钱昌本教你快乐学数学(下)	2012－03	58.00	171
高等数学解题全攻略(上卷)	2013－06	58.00	252
高等数学解题全攻略(下卷)	2013－06	58.00	253
高等数学复习纲要	2014－01	18.00	384
三角函数	2014－01	38.00	311
不等式	2014－01	38.00	312
数列	2014－01	38.00	313
方程	2014－01	28.00	314
排列和组合	2014－01	28.00	315
极限与导数	2014－01	28.00	316
向量	2014－09	38.00	317
复数及其应用	2014－08	28.00	318
函数	2014－01	38.00	319
集合	即将出版		320
直线与平面	2014－01	28.00	321
立体几何	2014－04	28.00	322
解三角形	即将出版		323
直线与圆	2014－01	28.00	324
圆锥曲线	2014－01	38.00	325
解题通法(一)	2014－07	38.00	326
解题通法(二)	2014－07	38.00	327
解题通法(三)	2014－05	38.00	328
概率与统计	2014－01	28.00	329
信息迁移与算法	即将出版		330
三角函数(第2版)	即将出版		626
向量(第2版)	即将出版		627
立体几何(第2版)	2016－04	38.00	629
直线与圆(第2版)	2016－11	38.00	631
圆锥曲线(第2版)	2016－09	48.00	632
极限与导数(第2版)	2016－04	38.00	635
美国高中数学竞赛五十讲.第1卷(英文)	2014－08	28.00	357
美国高中数学竞赛五十讲.第2卷(英文)	2014－08	28.00	358
美国高中数学竞赛五十讲.第3卷(英文)	2014－09	28.00	359
美国高中数学竞赛五十讲.第4卷(英文)	2014－09	28.00	360
美国高中数学竞赛五十讲.第5卷(英文)	2014－10	28.00	361
美国高中数学竞赛五十讲.第6卷(英文)	2014－11	28.00	362
美国高中数学竞赛五十讲.第7卷(英文)	2014－12	28.00	363
美国高中数学竞赛五十讲.第8卷(英文)	2015－01	28.00	364
美国高中数学竞赛五十讲.第9卷(英文)	2015－01	28.00	365
美国高中数学竞赛五十讲.第10卷(英文)	2015－02	38.00	366

哈尔滨工业大学出版社刘培杰数学工作室已出版(即将出版)图书目录

书　　名	出版时间	定　价	编号
IMO 50 年. 第 1 卷(1959—1963)	2014—11	28.00	377
IMO 50 年. 第 2 卷(1964—1968)	2014—11	28.00	378
IMO 50 年. 第 3 卷(1969—1973)	2014—09	28.00	379
IMO 50 年. 第 4 卷(1974—1978)	2016—04	38.00	380
IMO 50 年. 第 5 卷(1979—1984)	2015—04	38.00	381
IMO 50 年. 第 6 卷(1985—1989)	2015—04	58.00	382
IMO 50 年. 第 7 卷(1990—1994)	2016—01	48.00	383
IMO 50 年. 第 8 卷(1995—1999)	2016—06	38.00	384
IMO 50 年. 第 9 卷(2000—2004)	2015—04	58.00	385
IMO 50 年. 第 10 卷(2005—2009)	2016—01	48.00	386
IMO 50 年. 第 11 卷(2010—2015)	2017—03	48.00	646
历届美国大学生数学竞赛试题集. 第一卷(1938—1949)	2015—01	28.00	397
历届美国大学生数学竞赛试题集. 第二卷(1950—1959)	2015—01	28.00	398
历届美国大学生数学竞赛试题集. 第三卷(1960—1969)	2015—01	28.00	399
历届美国大学生数学竞赛试题集. 第四卷(1970—1979)	2015—01	18.00	400
历届美国大学生数学竞赛试题集. 第五卷(1980—1989)	2015—01	28.00	401
历届美国大学生数学竞赛试题集. 第六卷(1990—1999)	2015—01	28.00	402
历届美国大学生数学竞赛试题集. 第七卷(2000—2009)	2015—08	18.00	403
历届美国大学生数学竞赛试题集. 第八卷(2010—2012)	2015—01	18.00	404
新课标高考数学创新题解题诀窍:总论	2014—09	28.00	372
新课标高考数学创新题解题诀窍:必修 1～5 分册	2014—08	38.00	373
新课标高考数学创新题解题诀窍:选修 2—1,2—2,1—1,1—2分册	2014—09	38.00	374
新课标高考数学创新题解题诀窍:选修 2—3,4—4,4—5 分册	2014—09	18.00	375
全国重点大学自主招生英文数学试题全攻略:词汇卷	2015—07	48.00	410
全国重点大学自主招生英文数学试题全攻略:概念卷	2015—01	28.00	411
全国重点大学自主招生英文数学试题全攻略:文章选读卷(上)	2016—09	38.00	412
全国重点大学自主招生英文数学试题全攻略:文章选读卷(下)	2017—01	58.00	413
全国重点大学自主招生英文数学试题全攻略:试题卷	2015—07	38.00	414
全国重点大学自主招生英文数学试题全攻略:名著欣赏卷	2017—03	48.00	415
数学物理大百科全书. 第 1 卷	2016—01	418.00	508
数学物理大百科全书. 第 2 卷	2016—01	408.00	509
数学物理大百科全书. 第 3 卷	2016—01	396.00	510
数学物理大百科全书. 第 4 卷	2016—01	408.00	511
数学物理大百科全书. 第 5 卷	2016—01	368.00	512
劳埃德数学趣题大全. 题目卷. 1:英文	2016—01	18.00	516
劳埃德数学趣题大全. 题目卷. 2:英文	2016—01	18.00	517
劳埃德数学趣题大全. 题目卷. 3:英文	2016—01	18.00	518
劳埃德数学趣题大全. 题目卷. 4:英文	2016—01	18.00	519
劳埃德数学趣题大全. 题目卷. 5:英文	2016—01	18.00	520
劳埃德数学趣题大全. 答案卷:英文	2016—01	18.00	521

哈尔滨工业大学出版社刘培杰数学工作室
已出版(即将出版)图书目录

书　　名	出版时间	定　价	编号
李成章教练奥数笔记.第1卷	2016－01	48.00	522
李成章教练奥数笔记.第2卷	2016－01	48.00	523
李成章教练奥数笔记.第3卷	2016－01	38.00	524
李成章教练奥数笔记.第4卷	2016－01	38.00	525
李成章教练奥数笔记.第5卷	2016－01	38.00	526
李成章教练奥数笔记.第6卷	2016－01	38.00	527
李成章教练奥数笔记.第7卷	2016－01	38.00	528
李成章教练奥数笔记.第8卷	2016－01	48.00	529
李成章教练奥数笔记.第9卷	2016－01	28.00	530
朱德祥代数与几何讲义.第1卷	2017－01	38.00	697
朱德祥代数与几何讲义.第2卷	2017－01	28.00	698
朱德祥代数与几何讲义.第3卷	2017－01	28.00	699
zeta函数,q-zeta函数,相伴级数与积分	2015－08	88.00	513
微分形式:理论与练习	2015－08	58.00	514
离散与微分包含的逼近和优化	2015－08	58.00	515
艾伦·图灵:他的工作与影响	2016－01	98.00	560
测度理论概率导论,第2版	2016－01	88.00	561
带有潜在故障恢复系统的半马尔柯夫模型控制	2016－01	98.00	562
数学分析原理	2016－01	88.00	563
随机偏微分方程的有效动力学	2016－01	88.00	564
图的谱半径	2016－01	58.00	565
量子机器学习中数据挖掘的量子计算方法	2016－01	98.00	566
量子物理的非常规方法	2016－01	118.00	567
运输过程的统一非局部理论:广义波尔兹曼物理动力学,第2版	2016－01	198.00	568
量子力学与经典力学之间的联系在原子、分子及电动力学系统建模中的应用	2016－01	58.00	569
第19～23届"希望杯"全国数学邀请赛试题审题要津详细评注(初一版)	2014－03	28.00	333
第19～23届"希望杯"全国数学邀请赛试题审题要津详细评注(初二、初三版)	2014－03	38.00	334
第19～23届"希望杯"全国数学邀请赛试题审题要津详细评注(高一版)	2014－03	28.00	335
第19～23届"希望杯"全国数学邀请赛试题审题要津详细评注(高二版)	2014－03	38.00	336
第19～25届"希望杯"全国数学邀请赛试题审题要津详细评注(初一版)	2015－01	38.00	416
第19～25届"希望杯"全国数学邀请赛试题审题要津详细评注(初二、初三版)	2015－01	58.00	417
第19～25届"希望杯"全国数学邀请赛试题审题要津详细评注(高一版)	2015－01	48.00	418
第19～25届"希望杯"全国数学邀请赛试题审题要津详细评注(高二版)	2015－01	48.00	419
闵嗣鹤文集	2011－03	98.00	102
吴从炘数学活动三十年(1951～1980)	2010－07	99.00	32
吴从炘数学活动又三十年(1981～2010)	2015－07	98.00	491
物理奥林匹克竞赛大题典——力学卷	2014－11	48.00	405
物理奥林匹克竞赛大题典——热学卷	2014－04	28.00	339
物理奥林匹克竞赛大题典——电磁学卷	2015－07	48.00	406
物理奥林匹克竞赛大题典——光学与近代物理卷	2014－06	28.00	345

哈尔滨工业大学出版社刘培杰数学工作室
已出版(即将出版)图书目录

书　　名	出版时间	定　价	编号
历届中国东南地区数学奥林匹克试题集(2004～2012)	2014－06	18.00	346
历届中国西部地区数学奥林匹克试题集(2001～2012)	2014－07	18.00	347
历届中国女子数学奥林匹克试题集(2002～2012)	2014－08	18.00	348
数学奥林匹克在中国	2014－06	98.00	344
数学奥林匹克问题集	2014－01	38.00	267
数学奥林匹克不等式散论	2010－06	38.00	124
数学奥林匹克不等式欣赏	2011－09	38.00	138
数学奥林匹克超级题库(初中卷上)	2010－01	58.00	66
数学奥林匹克不等式证明方法和技巧(上、下)	2011－08	158.00	134,135
他们学什么:原民主德国中学数学课本	2016－09	38.00	658
他们学什么:英国中学数学课本	2016－09	38.00	659
他们学什么:法国中学数学课本.1	2016－09	38.00	660
他们学什么:法国中学数学课本.2	2016－09	28.00	661
他们学什么:法国中学数学课本.3	2016－09	38.00	662
他们学什么:苏联中学数学课本	2016－09	28.00	679
高中数学题典——集合与简易逻辑·函数	2016－07	48.00	647
高中数学题典——导数	2016－07	48.00	648
高中数学题典——三角函数·平面向量	2016－07	48.00	649
高中数学题典——数列	2016－07	58.00	650
高中数学题典——不等式·推理与证明	2016－07	38.00	651
高中数学题典——立体几何	2016－07	48.00	652
高中数学题典——平面解析几何	2016－07	78.00	653
高中数学题典——计数原理·统计·概率·复数	2016－07	48.00	654
高中数学题典——算法·平面几何·初等数论·组合数学·其他	2016－07	68.00	655
台湾地区奥林匹克数学竞赛试题.小学一年级	2017－03	38.00	722
台湾地区奥林匹克数学竞赛试题.小学二年级	2017－03	38.00	723
台湾地区奥林匹克数学竞赛试题.小学三年级	2017－03	38.00	724
台湾地区奥林匹克数学竞赛试题.小学四年级	2017－03	38.00	725
台湾地区奥林匹克数学竞赛试题.小学五年级	2017－03	38.00	726
台湾地区奥林匹克数学竞赛试题.小学六年级	2017－03	38.00	727
台湾地区奥林匹克数学竞赛试题.初中一年级	2017－03	38.00	728
台湾地区奥林匹克数学竞赛试题.初中二年级	2017－03	38.00	729
台湾地区奥林匹克数学竞赛试题.初中三年级	2017－03	28.00	730

联系地址:哈尔滨市南岗区复华四道街 10 号　哈尔滨工业大学出版社刘培杰数学工作室
网　　址:http://lpj.hit.edu.cn/
邮　　编:150006
联系电话:0451－86281378　　13904613167
E-mail:lpj1378@163.com